AF366561

LES MÉLANGES

DE

GRAINES FOURRAGÈRES

POUR OBTENIR

LES PLUS FORTS RENDEMENTS DE BONNE QUALITÉ

PARIS. — IMP. DE LA SOCIÉTÉ DE PUBLICATIONS PÉRIODIQUES
P. MOUILLOT. — 13, QUAI VOLTAIRE. — 81600

LES MÉLANGES

DE

GRAINES FOURRAGÈRES

POUR OBTENIR

LES PLUS FORTS RENDEMENTS DE BONNE QUALITÉ

ÉTUDE SCIENTIFIQUE ET PRATIQUE

PAR LE

Dʳ F.-G. STEBLER

Directeur de la Station Fédérale de contrôle des Semences à Zurich (Suisse)

TRADUIT DE L'ALLEMAND

PAR

C. DENAIFFE

MARCHAND GRAINIER, à CARIGNAN (Ardennes)

EN VENTE

A PARIS	A CARIGNAN (Ardennes)
A LA LIBRAIRIE AGRICOLE DE LA MAISON RUSTIQUE	CHEZ C. DENAIFFE
26, RUE JACOB, 26	MARCHAND GRAINIER

NOTE DU TRADUCTEUR

En France, de même que dans la plupart des contrées de l'Europe occidentale, l'agriculture est en train de subir une transformation ayant son origine dans les changements profonds qui, dans ces derniers temps, se sont produits dans l'économie rurale de certains pays, ainsi que dans les conditions du trafic international. Depuis l'établissement des chemins de fer, et par suite du perfectionnement continu des autres moyens de transport, les prix du blé sont déterminés par des facteurs qui ont leur siège dans des régions le plus souvent bien éloignées de chez nous. La concurrence que nous en éprouvons fait que ces prix sont plus bas qu'ils ne l'étaient il y a trente ou quarante ans, pendant que nous payons plus cher la terre et la main-d'œuvre et que les frais généraux d'exploitation vont toujours en augmentant. Mais le revenu de la culture des céréales se réduisant ainsi de plus en plus, il s'ensuit naturellement que l'agriculteur s'adonne davantage à celle des fourrages. Aussi cette branche de l'économie rurale prend-elle, dans la plupart des pays de l'Europe, un développement qui va grandissant d'année en année et bientôt elle l'emportera sur toutes les autres. Cependant, malgré la haute importance qu'on lui reconnaît, cette sorte d'exploitation agricole est encore celle que le cultivateur est le moins apte à pratiquer rationnellement. L'auteur du livre que nous annonçons s'est, depuis longtemps, voué tout entier à l'étude des plantes fourragères, ainsi qu'à celle de la culture et des soins d'entretien des prairies naturelles et artificielles. Il s'est appliqué à faire part aux cultivateurs des fruits de son expérience, d'un côté, dans son ouvrage, les *Meilleures Plantes fourragères*, et, d'un autre, au moyen du traité dont il s'agit ici.

Dans cet écrit, l'auteur explique, en un style simple et intelligible à tous, de la manière la plus détaillée et la plus complète, comment il importe de procéder pour constituer des prairies d'un rendement considérable. Ses préceptes sont fondés sur une grande quantité d'observations scientifiques qu'il a recueillies en sa position de Directeur de la Station helvétique de contrôle des semences, ainsi que sur les expériences agricoles faites avec ses mélanges de graines fourragères dans les conditions les plus diverses. Il lui revient le mérite d'avoir fondé sur des principes rationnels la théorie et la pratique de ces mélanges.

Tout cultivateur soucieux de ses intérêts fera donc bien d'étudier la composition de ceux qui sont exposés dans ce livre, en ayant soin de ne pas les prendre comme des recettes invariables, mais comme des exemples propres à l'éclairer sur la matière et à lui apprendre à composer lui-même les mélanges les mieux appropriés aux conditions locales dans lesquelles il travaille.

L'ouvrage comprend les chapitres suivants :

I. Réduction de la culture des céréales et extension de la culture fourragère.
II. Production du blé en Amérique.
III. Conditions climatériques de la culture fourragère.
IV. Engazonnement naturel.
V. Semis de fleurs de foin.
VI. Théorie et calcul des mélanges.
VII. Choix des plantes.
VIII. Mélanges de graines fourragères.
    1. Trèfles et graminées.
    2. Mélanges pour prairies temporaires.
    3. Mélanges pour prairies permanentes.
    4. Considérations générales.
IX. Achat des semences.
X. Récoltes précédentes, fumure et préparation du sol.
XI. Récoltes protectrices.
XII. Époques des semailles.
XIII. Semaille et recouvrement des graines.
XIV. Soins d'entretien des prairies.

Carignan, le 1er Février 1888.

C. DENAIFFE.

AVANT-PROPOS

Ce livre est une édition française de mon *Traité des mélanges de graines fourragères*, que j'ai revu et refondu afin de l'approprier aux circonstances dans lesquelles doit se pratiquer en France la culture des fourrages. La publication en a été confiée à la maison C. Denaiffe, à Carignan (Ardennes), renommée honorablement par son commerce de graines fourragères et qui a déjà rendu de si grands services à l'agriculture française.

Il est consacré à un genre de culture qui doit être regardé comme un des plus importants pour l'avenir agricole de l'Europe entière et de son développement duquel dépendra avant tout la prospérité de notre économie rurale.

La partie la plus considérable de ce traité comprend les résultats d'expériences pratiques continuées pendant bien des années avec l'aide de beaucoup d'agriculteurs, ainsi que ceux d'essais scientifiques entrepris dans mon laboratoire. Mais ce travail repose principalement sur les observations si nombreuses que j'ai recueillies dans mes fonctions officielles, à la station helvétique de contrôle des semences, et sans lesquelles il eût été absolument impossible de donner à mon sujet le développement qu'il a reçu ici et de l'asseoir sur une base scientifique. Je me suis efforcé, au prix d'études soutenues, de ramener mes expériences et mes observations à des principes définis, d'une application certaine, et le but de cette publication est de les faire connaître, apprécier et utiliser par les agriculteurs pratiques.

On comprend que les principes développés dans cet écrit et les manières dont je conseille de les appliquer ne concernent pas uniquement une contrée déterminée, comme, par exemple, la région des Alpes ; ni les uns ni les autres ne sont exclusifs ou limités, mais conservent leur valeur entière partout et sans exception. Aussi bien que les paysans des Alpes, les cultivateurs du Nord de la France ou du Dauphiné, de la Bretagne, ou de l'Est, auront tout avantage à consulter ce petit livre, s'ils prennent à cœur de travailler d'après les règles fondées sur les lois de la nature au lieu de continuer à se traîner dans une routine surannée, qui livre tout au hasard.

Depuis la publication de la première édition allemande de cet ouvrage, en 1881, des mélanges de graines fourragères ont été semés, d'après mes instructions, par des cultivateurs, et partout il en a été obtenu les meilleurs résultats.

J'ai donc le ferme espoir que les essais qui en seront faits en France, dans la nation sœur de la Suisse, seront aussi satisfaisants qu'ils l'ont été dans ma patrie.

Dr F.-G. STEBLER.

Zurich, le 30 janvier 1888.

CHAPITRE PREMIER

Réduction de la culture des céréales et extension de la culture fourragère.

L'agriculture de l'Europe est en train de se transformer considérablement par suite de modifications profondes qui se sont produites dans l'économie rurale de certains pays, ainsi que du développement des moyens de transport internationaux. Pour bien se rendre compte de tous ces changements il est nécessaire de jeter un coup d'œil sur le passé.

A la fin du siècle dernier et dans les trente premières années de celui-ci, chaque pays était obligé de tirer sa subsistance principalement de son propre sein ou des contrées limitrophes. C'est pour cette raison qu'autrefois l'exploitation agricole était plus complexe et que les cultures spéciales ne pouvaient prendre l'extension qu'elles ont acquise de nos jours. En ce temps-là, le fromage ne se préparait que dans les Alpes, et ce n'est qu'à partir de 1820 qu'on a commencé à se livrer à cette fabrication dans quelques riches villages du bas pays. Mais il était impossible de la pratiquer sur une grande échelle, parce qu'il importait avant tout de cultiver le blé pour le pain quotidien : ce n'est que plus tard qu'on a pu songer à travailler pour l'exportation.

Cependant l'état de choses changea immédiatement avec la création des chemins de fer. En 1829, le célèbre ingénieur anglais, Georges Stephenson, construisit la première locomotive propre à circuler au loin ; mais ce ne fut qu'à partir de 1835, qu'on se mit à établir en Angleterre des voies ferrées de divers côtés. Cet exemple fut bientôt suivi sur le continent. Elles ne servirent d'abord qu'à relier ensemble de grands centres d'industrie et de commerce ; mais peu à peu elles se prolongèrent de plus en plus dans tous les pays et en franchirent les frontières pour pousser jusque dans des contrées fermées jusqu'alors au grand trafic.

L'étendue des réseaux de chemins de fer comprenait :

		En Europe	En France
1845	kilomètres	9.162	870
1855		34.023	5.529
1865		75.515	13.577
1875		143.187	21.596
1880		168.093	29.936
1883		182.529	29.473
1885		195.176	32.491

Sur sa voie de fer poli, la locomotive courait de dix à vingt fois plus vite et surtout plus aisément, à travers les pays, que ne marchaient autrefois les chariots de marchandises sur les routes les mieux entretenues. Les contrées danubiennes et même la Russie méridionale trouvèrent du profit à amener leur blé jusque sur les marchés du pied des Alpes, où il se vendait à meilleur prix, et les bénéfices de ce commerce eurent pour effet d'augmenter la culture de cette céréale dans ses pays d'origine. Aussi la région des Alpes a-t-elle vu le commerce du blé indigène diminuer d'année en année devant la concurrence du blé étranger, et celui-ci étant à si bon marché, il est devenu plus avantageux pour les paysans de se livrer à une culture extensive de produits plus rémunérateurs.

Nulle part ce revirement ne s'est fait sentir d'une manière plus frappante que dans la Suisse, d'un côté, et dans la Hongrie de l'autre. Ce dernier pays est devenu le grand producteur de blé pour la Suisse et les contrées alpines avoisinantes. Par conséquent, la culture de cette céréale se restreignit ici et l'on s'adonna de toutes ses forces à celle d'un produit agricole plus en rapport avec notre climat. La culture fourragère prit le dessus, en recevant le développement et l'amélioration nécessaires ; on pratiqua sur une plus grande échelle l'élevage du bétail et l'industrie laitière, notamment la fabrication du fromage, et de cette façon il a été obtenu des résultats magnifiques. Pour trouver un débouché à l'excellent fromage suisse, l'on se mit en relations d'affaires avec l'étranger. Ce produit devint l'objet d'une demande qui allait croissant d'année en année ; estimé d'abord plutôt comme une friandise, il devenait plus tard un article courant de l'alimentation publique. Aussi, à part quelques fluctuations, cette denrée fut-elle payée à des prix de plus en plus élevés.

D'après la statistique des Douanes fédérales, l'exportation croissante du fromage suisse est allée comme il suit :

1851	101,862	Quintaux (50 kil.)	1878	364,856	Quintaux (50 kil.)
1856	144,498		1879	396,128	
1861	161,686		1880	407,870	
1866	246,773		1881	455,496	
1871	399,009		1882	498,494	
1876	375,789		1882	519,188	
1877	328,610				

Les fromages d'Emmenthal et de Gruyère acquirent peu à peu une renommée universelle.

Dans la fromagerie de Herzogenbuchsée, le premier se vendait, en 1849, à raison de 43 fr. le quintal ; mais en 1873 il était payé jusqu'à 93 francs. En prenant les moyennes de plusieurs séries d'années, Schatzmann a démontré dans les prix l'augmentation suivante :

ANNÉES	FROMAGES D'EMMENTHAL	FROMAGES DE GRUYÈRE		FROMAGES DE SPALEN (Sbrinz)
		DE LA VALLÉE	DE LA MONTAGNE	
	Le Quintal (50 kil.)	Le Quintal (50 kil.)	Le Quintal (50 kil.)	Le Quintal (50 kil.)
1851 à 1855......	53 70	43 90	45 70	37 70
1856 à 1860......	63 70	52 30	53 50	48 50
1861 à 1865......	63 70	52 90	54 90	54 30
1866 à 1870......	67 30	54 70	58 10	60 30
1871 à 1875......	84 50	65 30	67 30	68 10
1876 à 1880......	83 70	71 30	70 30	69 30

Il en a été de même des prix du bétail. Autrefois une belle vache se vendait de 300 à 400 fr. ; aujourd'hui on la paye de 500 à 600 fr. et même davantage.

D'un autre côté, l'importation en Suisse des semences fourragères est allée aussi en augmentant d'année en année :

Années		Quintaux	Années		Quintaux
1849	. . . .	22,500	1867 à 1871	id.	60,321
1850	. . . .	36,400	1872 à 1876	id.	77,954
1851	. . . .	36,261	1877	. . . .	62,272
1852 à 1856	Moyenne.	36,094	1878	. . . .	64,980
1857 à 1861	id.	54,747	1879	. . . .	55,570
1862 à 1866	id.	57,536			

L'importation en Suisse des céréales a été en moyenne par année de :

1851 à 1855 . . .	1,213,834 Quintaux métriques	— Augmentation	
1856 à 1861 . . .	1,200.161	1	0/0
1861 à 1865 . . .	1,516,934	26	
1866 à 1870 . . .	1,787,926	17	
1871 à 1875 . . .	2,401,150	34	
1876 à 1880 . . .	3,267,904	36	

Le prix des *Céréales*, au contraire, n'a pas suivi le mouvement de hausse de celui des fromages et du bétail. Les voies de circulation se perfectionnant de plus en plus, il a été créé, par terre et sur eau, des moyens de transport nouveaux et plus puissants, par lesquels ont été ouvertes au trafic des contrées à blé plus éloignées. Il en est résulté que, dans ces dernières dizaines d'années, les prix des céréales, si l'on tient compte de la dépréciation de l'argent, ont plutôt baissé que monté — sauf peut-être celui des avoines, — comme il appert des chiffres suivants, qui ne concernent que le froment :

ANNÉES	ANGLETERRE EN SHILLINGS le quarter (lit. 290,78)	FRANCE EN FRANCS l'hectolitre	PRUSSE EN SILBERGR le scheffel (lit. 54.96)	AUTRICHE EN FLOR. ARG.¹ la metze (lit. 61,50)	HONGRIE EN FLOR. ARG.¹ la metze (lit. 6380)	SUISSE EN FRANCS les 100 livres
1801 à 1810...	83.9	19 95	»	4 65	6 39	15 78
1810 à 1820...	87.5	24 61	»	4 55	6 66	18 28
1816 à 1820...	»	»	86.7	»	»	»
1821 à 1830...	59.0	22 39	51 »	2 61	2 05	11 04
1831 à 1840...	59.0	19 87	58.2	2 68	2 20	12 77
1841 à 1850...	53.3	19 74	70.5	3 43	3 »	14 85
1851 à 1860...	54.6	22 11	88.9	5 13	4 45	15 44
1861 à 1870...	51.1	21 49	85.8	6 34	4 76	14 96

D'après le Dr B. Weiss : *Prix des Céréales au* XIXe *siècle.* (Vienne, 1877).

Pour ces causes, l'on s'appliqua toujours davantage à la culture fourragère et à l'élevage du bétail, notamment dans les contrées où la culture des céréales était moins sûre.

Dans le canton de Zurich il y avait :

	Terres arables	Prairies
En 1774.........	70,445 hectares	27,216 hectares
En 1846.........	50,389	46,638
En 1876......,..	37,481	61,466

Si à ces quantités s'ajoutent les fourrages cultivés dans les champs, on trouve que le sol destiné aux fourrages est actuellement d'une superficie de 83,600 hectares, tandis que la terre arable proprement dite, réservée surtout aux céréales, ne comporte plus que 14,000 hectares.

Dans le même canton, la quantité de gros bétail était :

En 1820	de	48,850 têtes
1876	de	64,627

Une progression plus forte encore eut lieu chez les espèces chevaline, caprine et porcine, tandis que l'ovine allait en diminuant.

Dans la Suisse entière, la quantité de gros bétail ou de l'espèce bovine était :

De 1842 à 1843	de	815,000 têtes (approximativement)
1850 à 1854		875,000
1855 à 1861		919,524

En 1866   992,895 têtes
   1876   1,035,856
   1886   1,211,713

On voit donc que la transformation qui s'est produite dans
l'économie rurale ne s'est montrée nulle part plus frappante
qu'en Suisse. A cet égard, il n'y a que les districts pluvieux
de l'Angleterre et de l'Écosse et quelques petites parties de
la France, de l'Allemagne et de l'Autriche qui puissent lui
être comparées approximativement. Mais cette situation est
en train à son tour de se modifier considérablement, par suite
de la concurrence américaine en matière de culture de blé,
qui sera examinée dans le chapitre suivant. Le blé nécessaire à la subsistance de l'Angleterre, qui, suivant Lawes, a
été en 1880-1881 de 112 millions de bushels (à litr. 36, 35),
est tiré presque uniquement de l'Amérique et de l'Inde, et
l'importation en devient si énorme que l'agriculteur anglais
souffre beaucoup de cet état de choses. Par conséquent, il
se fait actuellement en Angleterre la même transformation
agricole qui, heureusement, s'est déjà accomplie en Suisse,
et que d'autres pays de l'Europe ont encore à subir, quoique
d'une manière moins profonde.

L'étendue des prairies, des pâtures et des champs à fourrages de la Grande-Bretagne était, en 1874, de 20,579,000
acres (40,5 ares), et de 21,785,000 en 1880. En sept ans,
l'aire de la culture fourragère a donc augmenté de près
de 1 million 1/2 d'acres, tandis que celle des céréales a
diminué d'autant.

Les chiffres suivants donnent un aperçu suffisant de cette
transformation dont la marche, relativement, est très
prompte.

Dans la Grande-Bretagne, non compris l'Irlande, la superficie cultivée était :

	En 1867 de 45.387.000 acres.	En 1880 de 47.386.000 acres [1].
I. Prairies permanentes...	11.136.000 acres.	14.427.000 acres.
II. Champs..............	17.759.000	17.675.000

dont :

1° Trèfle, prés temporaires vesces, etc.................	4.414.000	4.815.000
2° Blé....................	3.367.000	2.910.000
3° Orge..................	2.259.000	2.467.000
4° Avoine	2.750.000	2.797.000
5° Pommes de terre	492.000	551.000
6° Légumineuses.........	854.000	661.000
7° Lin	18.000	9.000

D'après ces indications, l'exploitation agricole des Anglais se détourne donc de plus en plus de la culture des céréales pour se porter de préférence sur celle des fourrages et sur la production de la viande. Une transformation pareille se produit en France, mais d'une manière moins rapide.

Considérons maintenant les conditions de la culture et de l'exportation du blé américain, puis nous traiterons d'une manière plus détaillée de la nécessité et de la possibilité d'une transformation de l'agriculture en Europe.

---

[1] L'acre vaut 40 ares, 5

CHAPITRE II

Production du blé en Amérique

Nous avons été abondamment renseignés sur l'extension prise dans les États-Unis par la culture des céréales ainsi que sur les voies et moyens de cette exploitation, par de nombreuses publications de ces derniers temps, par les rapports de la commission envoyée sur les lieux par le Parlement anglais[1], et par des correspondances particulières d'hommes compétents, qui ont paru dans des journaux politiques et agricoles ; mais il coûte beaucoup de temps et de peine pour prendre une bonne connaissance de ces précieux renseignements.

Les proportions dans lesquelles a augmenté la culture des céréales en Amérique se mesurent surtout par les chiffres de l'accroissement de la population du pays ainsi que par la production et l'exportation du blé.

[1]. Publiés en français dans le *Journal Officiel* du 3 mars 1881.

La *population* comportait :

en 1792......	3.900.000 âmes.		en 1840......	17.100.000 âmes.
1800......	5.300.000		1850......	23.200.000
1810......	7.200.000		1860......	31.500.000
1820......	9.600.000		1870......	38.600.000
1830......	12.900.000		1880......	50.000.000

Les *terres cultivées en froment* étaient :

	Nombre rond en acres.			Nombre rond en acres.
en 1863 de	13.000.000		en 1879 de	33.000.000
1864	13.000.000		1880	35.000.000
1866	15.000.000		1881	37.709.020
1868	18.000.000		1882	37.067.194
1870	19.000.000		1883	36.455.593
1872	21.000.000		1884	39.475.885
1874	25.000.000		1885	34.189.246
1876	28.000.000		1886	36.806.184
1878	32.00.0070			

Le total de la *production* de froment s'est élevé :

	Nombre rond : bushels (35 lit. 24.)			Nombre rond : bushels (35 lit. 24.)
en 1840 à	27.000.000		en 1878 à	420.000.000
1863	174.000.000		1879	449.000.000
1864	161.000.000		1880	449.000.000
1866	152.000.000		1881	383 000.000
1868	224.000.000		1882	504.000.000
1870	236.000.000		1883	421.000.000
1872	250.000.000		1884	513.000.000
1874	309.000.000		1885	357.000.000
1876	289.000.000		1886	457.000.000

Ce qui, pour, nous est le plus important à savoir, c'est la

progression encore plus forte de *l'exportation* du froment
et de la farine de froment dont la moyenne annuelle a été :

			Nombre rond en hectolitres.				Nombre rond en hectolitres.
de 1825	à	1830	1.700.000	de 1871	à	1872	28.000.000
1830		1835	1.000.000	1872		1873	18.600.000
1835		1840	1.600.000	1873		1874	33.000.000
1840		1845	2.500.000	1874		1875	26.100.000
1845		1850	5.200.000	1875		1876	27.200.000
1850		1855	6.000.000	1876		1877	20.700.000
1855		1860	8.500.000	1877		1878	33.500.000
1860		1865	17.200.000	1878		1879	51.000.000
1865		1870	10.100.000	1879		1880	53.600.000
1870		1871	19 100.000				

*Dans l'espace de quarante ans, l'exportation du froment
américain est donc devenue trente fois plus grande.* Mais
il a été exporté presque autant de maïs et plus de deux
millions d'hectolitres de seigle, d'avoine et d'orge. Les
grains envoyés en Europe sortent principalement des États
d'Illinois, Michigan, Ohio, Wisconsin, Indiana, Missouri,
Jowa, Minnesota, et depuis ces derniers temps aussi de ceux
de Kansas et Nebraska, ainsi que du territoire de Dacota.
FRÉDÉRIC KAPP, dans un écrit publié récemment (*La production du froment en Amérique*, Berlin, 1880) nous
dépeint ce que cette culture a de grandiose dans ces États, et
nous n'allons en citer brièvement qu'un seul exemple.

M. Olivier DALRIMPLE, l'intendant du domaine de Casselton,
situé dans l'ouest du Minnesota et l'est du Dacota, exploite
soixante-quinze mille acres [1], dont il y a un peu moins de la
moitié en culture. Les semailles commencent avec le mois
d'avril, à cet effet cent semoirs à large dispersion opèrent
pendant trois semaines, et le travail est complété au moyen

1 L'acre vaut 40 ares 5.

de huit cents herses, dont quatre enchaînées ensemble couvrent un espace de vingt pieds. Il n'est pas nécessaire de donner d'autres façons jusqu'à la moisson. Elle a lieu au commencement d'août, et l'on y emploie trois cents ouvriers auxiliaires ; elle est achevée en douze jours avec des moissonneuses automatiques, qui lient elles-mêmes les gerbes avec de la ficelle. Celles-ci sont battues immédiatement sur place dans vingt et une machines chauffées avec la paille, et, sans aucun retard, le blé est transporté à une gare, pour être expédié au marché voisin de Duluth. Tous les jours il part un grand nombre de vagons.

Mais ce n'est pas là le seul cas de ce genre. Dans les États de Kansas, Minnesota et Dacota, les domaines de vingt mille acres ne sont plus rares, et l'on a eu soin particulièrement de les former a portée de bonnes communications de chemins de fer. Les membres des administrations, les chefs d'exploitation et leurs fils possèdent chacun leurs domaines le long de la ligne de Saint-Paul et Sioux-City, et ils les font exploiter par des fermiers salariés contre une certaine part au bénéfice. Des négociants de New-York et d'autres États de l'Est, des banquiers et des directeurs de banques, et même des capitalistes européens font exploiter ainsi de grands domaines. Sur le Red River se trouve le domaine de Grandin, avec quarante mille acres, et plus à l'ouest il y a celui de Magville, qui en comprend trente mille. Mais le plus grand producteur de froment du monde entier est sans doute M. GLENN, dans la Californie, qui, en 1880, a cultivé en froment environ cent mille acres, et a gagné pour cela le titre de « roi du froment ». Souvent, comme par exemple sur le Red River et entre Fargo et Bismark (ville du Dacota, dénommée d'après le chancelier de l'Empire allemand et point de jonction de la ligne du Northern Pacific), les cultures de froment s'étendent aux deux côtés de la voie sur une longueur de six milles et avec une largeur de quatre.

Sur tous ces domaines, il n'y a que les bâtiments les plus indispensables pour le logement des ouvriers et le remisage des machines et outils quelconques. Il n'existe que peu de petites fermes. Sur les grands domaines, comme on l'a vu, la plupart des travaux sont exécutés par des machines, et, par conséquent, ne coûtent pas cher.

Au petit fermier il manque souvent le capital nécessaire pour s'en procurer, ce qui l'entrave et le rend incapable de se soutenir longtemps. Comme dans les grands domaines on ne possède généralement presque pas de vaches, de bœufs ou de chevaux et que les bêtes de trait se bornent à des mulets très mal soignés, il n'y reste en hiver que peu de personnes, souvent dix hommes seulement sur des propriétés de la plus grande étendue. A l'époque des semailles, durant tout le mois d'avril, on engage exprès de cent à deux cents ouvriers et, de nouveau, de deux cents à trois cents pour la moisson, du 1ᵉʳ août au 15 septembre. Dans l'entre-temps, ces pauvres gens restent à peu près inoccupés. — Il n'est pas question de restituer au sol les éléments nutritifs enlevés par la récolte, le fertile terrain des *prairies* pouvant donner les plus riches rendements de froment pendant une longue suite d'années, sans recevoir de fumure d'aucune sorte. Il est évident que dans de telles circonstances d'exploitation les frais de production sont réduits à peu de chose. Le prix de la terre est à peu près nul, de sorte que les frais ne consistent principalement que dans les intérêts et l'amortissement du capital des machines. Et depuis ces derniers temps, l'Amérique fabrique ces machines, à la fois puissantes et pratiques, à un prix relativement très bas; celles que nous recevons de là ne peuvent en donner qu'une faible idée, et pourtant, malgré les frais de transport et de douane, elles font aux machines européennes une concurrence sérieuse.

Pour ces causes, les frais de production se réduisent jusqu'à 30 cent. le bushel (environ vingt-sept kil.) soit à 6 centimes par kilo. D'après les calculs d'un cultivateur du Minnesota méridional, ils sont chez lui de 33 centimes par bushel, soit de 6,4 centimes par kil., pendant que le prix de vente est d'au moins 80 cent. ou de 16,3 centimes par kilo, ce qui porte le revenu annuel de ses deux mille acres de froment à 14,000 dollars = 73,500 francs[1].

H. SEMLER, à San-Francisco, en exceptant les domaines si favorablement situés du Red River, évalue les frais de production du blé américain à la moyenne de 14 centimes par kilo.

D'après les calculs exacts de M. DALRIMPLE, mentionné ci-dessus, les frais en question sont, chez lui, de 35 cent. par bushel, soit de 6, 9 centimes par kilo ou de fr. 37,26 par acre. Mais comme, sur les lieux mêmes, le kilo est payé d'ordinaire de 15 à 16 centimes, le gain net peut être estimé à 43-49 francs par acre, ce qui, pour un domaine de 50,000 acres, représente un revenu annuel de plusieurs centaines de mille francs.

KENDALL, un autre cultivateur de blé du Minnesota, calcule qu'à Chicago les frais de production sont de 48 cents par bushel, mais à la vente il retire 85 cents. Il est naturel que ces dépenses soient plus élevées dans l'Est et dans les grands centres de trafic, mais, en revanche, le froment est aussi payé plus cher proportionnellement. En nous en tenant aux évaluations en cours sur les grands domaines de l'Ouest, nous trouvons que, dans ces contrées-là, la production d'un kilo de froment revient à 6-10 centimes, ou,

---

1. Les chiffres indiqués varient naturellement chaque année.

en moyenne, à 8 centimes.	8,0 centimes
Transport du lieu de production à Chicago ou à Duluth	2,6
Taxe de l'emploi de l'élévateur.	0,3
Transport à New-York, à Philadelphie, etc.	3,0
Fret jusqu'au Havre.	3,5
Assurance maritime et commission	0,5
Frais supplémentaires d'embarquement et de transport.	2,0
Ce qui fait que les frais de production et de transport de un kilogramme de froment américain livré en France sont de	19,9 centimes

La plus-value du froment une fois arrivé ici constitue le gain de l'entrepreneur de production et le bénéfice du marchand de grains, en quoi, comme il a été montré, la plus grande part revient naturellement au premier.

Çà et là, les frais de production sont comptés encore plus bas que ceux que nous avons admis, tandis que pour d'autres, ils sont d'un chiffre plus élevé. Quoi qu'il en soit, de tout cela il résulte que, dans les pays d'Europe, pour peu qu'y soient chères la terre et la main-d'œuvre, la culture du froment, pratiquée comme jusqu'à présent, ne peut soutenir la concurrence avec l'Amérique; car, comme nous le savons par les écrits concernant ce sujet, de l'immense étendue du territoire des États-Unis, il n'y a qu'une partie encore qui soit en culture, et à celle-ci même l'on pourrait, par des procédés rationnels, faire rapporter trois fois davantage. En outre, par le perfectionnement incessant des moyens de transport, les frais en sont réduits considérablement. Ainsi, dans le Canada, le canal de Welland, qui est parallèle au fleuve Saint-Laurent et au Niagara, vient, au prix de

150 millions de francs, d'être rendu navigable à de gros bateaux de deux mille tonnes, de sorte que, par les grands vapeurs océaniques, le blé peut arriver sans transbordement du cœur de l'Amérique du Nord jusqu'aux ports de mer européens. Et, de plus, grâce à la prochaine ouverture du canal de l'Isthme de Panama, la distance de San-Francisco en Europe sera raccourcie de moitié, et il en résultera un écoulement plus facile aux produits des fertiles contrées à blé de la Californie et de l'Orégon — car aujourd'hui ce n'est plus *l'or*, mais bien le *froment* qui fait la richesse de la Californie.

Mais actuellement déjà, la culture du blé est en Europe dans une situation très précaire. D'après WERNER, sur les terres, par exemple, de l'Académie agricole de Poppelsdorff, près de Bonn, les frais de production du blé, de 1872 à 1878, ont été en moyenne de 31 centimes par kilo, tandis que le prix de vente atteignait à peine 29 centimes[1].

D'après les calculs publiés dans le *Journal d'agriculture suisse* (1882, p. 68) par M. CH. BOREL, à Collex (canton de Genève), cet habile agriculteur a eu, de sa production de blé pendant les dix années de 1870 à 1879, de la perte pendant six ans et du profit pendant quatre ans seulement, ce qui lui a fait la moyenne annuelle d'une perte de 1 fr. 18 par 100 kilos. Un rapport de M. ANT. MARTIN, publié dans le même journal (1882, p. 125) accuse et, sur son propre domaine, à Vessy, le modeste profit de 6 francs, comme moyenne de neuf années. Des résultats plus satisfaisants ont été obtenus par M. Ch. Chavannes, ancien président de la Société d'agriculture et de viticulture du canton de Vaud,

----

1. Il est nécessaire de substituer à ces chiffres, ceux réels pour la France et l'époque.

dont le domaine se trouve sur la rive gauche de la Veveyse.
De 1870 à 1874, c'est vrai, il a eu des déficits aussi décou-
rageants que la plupart de ses confrères ; mais de 1875
à 1879, l'hectare lui a donné un bénéfice net de 63 fr. 44.
Le prix de revient de son blé était, par cent kilogrammes,
de 29 fr. 40, et le prix de vente de près de 32 francs[1].
— Un agriculteur français des environs du Havre compte
chez lui le prix de revient à 27 francs, tandis que les frais
de production et de transport de cent kilogrammes de froment
américain livrés au Havre sont de 17 fr. 60 : de sorte que
l'Américain a sur l'Européen une avance de 9 fr. 40.

Ces exemples ne sont rien moins qu'exceptionnels, car
beaucoup d'agriculteurs pourraient nous faire part de résultats pareils, s'ils prenaient la peine de tenir une exacte comp-
tabilité. Cependant les frais de production sont en général
moindres que le prix de vente, sans quoi les cultivateurs de
blé iraient à une ruine certaine. Ces frais, en comptant la
paille dans le prix de vente, sont en moyenne de 25-30 centimes par kilo, mais, en cas de verse, comme il arrive
souvent dans les années humides, le chiffre de la dépense
peut s'élever davantage, et la conséquence sera un bénéfice
nul ou même une perte.

En admettant pour les frais de production (sans compter
le fumier et la paille) une moyenne de 25 centimes, un rendement de 17 kilogrammes par are, et un prix de vente de
30 centimes, il ressort un revenu net de 85 centimes par
are ou de 0 fr. 35 par hectare (paille = fumier) ; mais il
est certain qu'avec une culture fourragère seulement quelque
peu rationnelle, le bénéfice pourrait facilement être triplé.

Il est donc évident que, dans la plupart des pays de

1. Même observation qu'à la page 24.

l'Europe, l'avenir de la culture en question n'est rien moins
que flatteur, mais que celle-ci est fortement menacée par la
concurrence croissante du blé américain et qu'elle finira par
être écrasée, si l'on ne recherche pas les moyens de la mettre en état de soutenir cette concurrence, ou bien qu'on ne
vienne à y substituer la culture d'un produit plus rémuné-
rateur. Un moyen de rendre plus profitable la production du
blé, c'est de donner plus d'extension à la culture fourragère,
par laquelle on se procure aussi une plus grande quantité
de fumier. De cette manière, au lieu de fumer, comme
jusqu'ici, un même champ seulement tous les six ans, ou
même tous les neuf ans, — ce qui se fait en beaucoup d'endroits — l'on se trouve en mesure de l'engraisser tous les
deux, trois ou quatre ans : alors, les dépenses de travail et
de capital restant les mêmes, le produit en blé pourra augmenter et le bénéfice être doublé. Par conséquent, cette
culture redeviendra assez puissante pour lutter contre la
concurrence de l'Amérique.

Mais, indépendamment de cette importance de la culture
des fourrages pour celle du blé, celle-là constitue par elle-
même, dans beaucoup de contrées, un genre d'exploitation
rurale qui l'emporte de beaucoup sur la culture du blé, si
tant est qu'on sache en utiliser rationnellement les produits
pour l'élevage du bétail ou l'industrie laitière. Comme elle
est aussi plus facile, le rendement en peut être porté à une
hauteur que n'atteindra jamais la culture du blé. Il sera essayé
dans les chapitres suivants de tracer à l'agriculteur la voie
à suivre et les conditions dans lesquelles il doit travailler.

M. H. ENGELBRECHT, qui a demeuré plusieurs années
dans les États des *prairies* nord-américaines où il se produit le plus de froment, m'a montré, pendant son séjour
à Zurich, que, par de nombreux calculs faits par lui et d'au-

tres fermiers, il a été trouvé que les frais de production sont partout d'environ 125 francs *par hectare*. Les grandes différences des chiffres du prix de revient de 100 kilogrammes de froment ne dérivent donc pas de l'inégalité des frais de production par hectare, mais de celle de la quantité du *rendement*. Si l'on admet que la moyenne de celui-ci est de 1.800, kilos le prix de revient est de 7 centimes par kilo ; mais si elle n'est que de 100 kilos, ce prix dépasse 15 centimes. D'après les statistiques officielles, portant sur une période de neuf ans, de 1866 à 1875, le rendement moyen de l'acre (40,5 ares) a été, en bushels (27 kil.), de 11,8 — 12,4 dans l'Illinois, le Missouri, l'Iowa et le Nebraska, d'environ 13,5 dans le Wisconsin, de 14,5 dans le Kansas, et enfin de 15,2 dans le Minnesota. En partant de ces chiffres et admettant que les frais de production sont partout de 125 francs par hectare, l'on trouve que, dans ces États-là, 100 kilos de froment reviennent au cultivateur à un prix variant de 12 fr. 50 à 15, 70.

M. Engelbrecht ajoute : « Il est possible que les grands « producteurs de froment » de Fargo, sur le Red River, dans le Dacota, ainsi que ceux de la Californie, produisent dans des conditions plus favorables, mais ce n'est pas de ceux-là que la culture européenne du blé est menacée d'une concurrence dangereuse, car la masse principale de l'exportation sort des domaines plus petits. C'est pourquoi, dans l'extrême Ouest, aux limites des terres en culture, le prix de revient excède de beaucoup le prix de vente, et les fermiers à froment du Nebraska et de l'Iowa occidental sont tous endettés pendant que les fermiers à bétail sont dans l'aisance. Aussi, dans les domaines des *prairies*, y a-t-il tendance générale à laisser la culture du froment pour s'adonner à l'élevage du bétail. »

CHAPITRE III

Conditions climatériques de la culture fourragère.

C'est le régime des pluies qui exerce la plus grande influence sur la végétation herbacée d'une contrée. Plus elles sont fréquentes et abondantes, plus aussi est intense la pousse des graminées sauvages et cultivées, à condition d'ailleurs que la température soit favorable. Un coup d'œil sur la carte pluviale de l'Europe nous montre que la région des Alpes est fort bien partagée comme pluie.

Quantités annuelles de pluie dans les lieux suivants :

	Centimètres		Centimètres
Bernhardin	250	Faido	152
Santa Maria	248	Beatenberg	150
Tolmezzo	244	Bregenz	148
Grimsel	226	Isny	145
Alt-Aussée	197	Saint-Gall	132
Grindelwald	175	Haller-Salzbourg	125
Engelberg	173	Affoltern (Emmenthal)	125
Glaris	168	Zoug	123
Einsiedeln	166	Tegernsée	119
Chambéry	165	Lucerne	118
Schwyz	164	Zurich	117

	Centimètres		Centimètres
Cilly	112	Winterthur	95
Salzbourg	106	Fribourg	93
Olten	102	Aarau	92
Berne	102	Frauenfeld. . . » . .	91
Soleure	98		

Si donc les eaux pluviales ne pouvaient ni s'écouler, ni s'évaporer, ni être absorbées par la terre, elles s'amasseraient à Zurich, au bout de l'année, en une couche de 117 centimètres ou de $1^m 17$ de profondeur. — Naturellement la quantité est variable suivant les années. Les chiffres précédents ainsi que les suivants expriment les moyennes de séries plus ou moins longues d'années.

A part les stations très élevées, comme celles du Bernhardin, du Grimsel, etc, dont la basse température d'été ne permet point de culture fourragère intensive, tous les endroits de ce tableau se distinguent par des prairies plantureuses.

Le *Nord de l'Écosse* et *l'Ouest de l'Angleterre* sont aussi des régions abondamment pourvues de pluie, comme on le voit par le tableau suivant qui en donne les hauteurs annuelles :

	Centimètres.		Centimètres.
The Stye	481	Auchendrane	118
Seathwaite	386	Plymouth	113
Glencœ	326	Rhayader	109
Skye	258	Penzance	105
Ardarroch	189	Manchester	87
Amcliff	151	Bridport	78
Howerfordwest	122		

Toutes ces contrées se sont distinguées, anciennement déjà, par la prospérité de leur culture fourragère, de leur élevage de bétail, et la faveur du climat les maintient toujours au premier rang sous ce rapport.

En *Norvège*, la ville de Bergen est devenue presque

proverbiale pour l'abondance des pluies, et en effet, la quantité d'eau tombant annuellement y monte à 1 m. 85. En d'autres lieux encore de la *Norvège*, les quantités cotées sont les suivantes :

	Centimètres.		Centimètres.
Liknoes	207	Scudesnoès	105
Alesund	115	Christiansund	84
Mandal	112	Sandösund	58

Mais en *Norvège*, il règne durant la saison de la végétation une température inférieure, par exemple, à celle de l'Angleterre et des districts des Alpes où se cultivent les fourrages.

	Température annuelle.	Janvier.	Juillet.
Norvège	0° à 6° Réaumur.	8° à 0° Réaumur.	8° à 12° Réaumur.
Écosse	6° 8°	2° 4°	10° 14°
Alpes	8° 10°	0° 2°	16° 18°

De même que les Alpes, les petites chaînes de montagnes sont aussi fort bien dotées de pluies. Telles sont les *Pyrénées* et les Vosges ; et le *Hary*, qui en reçoit 1 m. 21 sur le Broken et 1 m. 43 à Klausthal ; l'*Ezgebirge*, avec 0 m. 71 à Annaberg ; la *Forêt Noire*, avec 1 m. 44 à Bade et 1 m. 13 à Fribourg ; etc.

Dans toutes les zones, les montagnes donnent lieu à des précipitations aqueuses, parce qu'elles déterminent les vents à s'élever vers leur sommet, où l'air froid condense et fait tomber en pluie la vapeur d'eau transportée par eux. C'est pourquoi, dans les régions montagneuses, la quantité de pluie va en augmentant jusqu'à une certaine hauteur.

Le littoral de la mer du Nord compte aussi parmi les régions qui sont de leur nature les plus propres à la culture fourragère. Quoique la quantité de pluie soit bien loin de celle des Alpes, la croissance des fourrages y est favorisée surtout par le climat maritime et un sol qui est d'ordinaire compact et fécond. Je me borne à citer la terre forte, dite Stört ou Knick, d'*Eiderstedt* et du pays des *Dithmarches*, les fertiles marais de l'*Altland* et du *Kehdingerland*, s'étendant de *Hadeln* et de *Wursten* jusqu'à *Cuxhaven*, les terres lourdes et tenaces d'*Oldenbourg*, les riches polders des *Pays-Bas* et les bons terrains du *Nord de la France*. Toutes ces contrées sont favorisées par un climat maritime, et, comme je m'en suis assuré moi-même, elles produisent une abondance de fourrages de la meilleure qualité, bien qu'elles soient moins arrosées de pluies que la région des Alpes.

Quantités annuelles de pluie tombant sur quelque points de ces pays-là :

	Centimètres.			Centimètres
Husum (Eiderstedt)......	75		Assen	78
Hambourg.,.............	66		Amsterdam..............	67
Cuxhaven	60		Utrecht.................	77
Brême.................	71		Bréda	72
Norderney..............	83		Aalst...................	78
Emden	70		Gand...................	76
Groningue.............	72		Abbeville	85
Dieppe	82		Guernsey...............	94
Caen..................	74		Brest..................	72
Cherbourg.............	83			

1° *En France* la quantité de pluie tombée en différentes parties du pays et mesurée en centimètres se distribue ainsi :

	HIVER			PRINTEMPS			ÉTÉ			AUTOMNE			ANNÉE
	XII	I	II	III	IV	V	VI	VII	VIII	IX	X	XI	
et Basses-Pyrénées.	8	8	7	10	8	11	9	5	6	8	11	9	114
Basse vallée du Rhône.....	7	7	6	7	8	10	6	5	6	13	14	11	87
Littoral du Nord-Ouest (Brest, Fécamp)........	10	10	7	7	6	8	6	7	7	9	12	11	78
France centrale..........	7	6	6	7	7	10	10	8	9	10	11	9	71
Région moyenne de l'Ouest, entre Poitiers, La Rochelle, Bordeaux, Agen..	8	9	7	7	7	9	8	7	7	10	11	10	66
Nord, non compris le littoral.................	8	8	6	7	7	10	9	9	9	9	10	8	62

En comparaison des pays de montagnes et du littoral des mers, les contrées les plus propices à la culture du blé sont beaucoup moins favorisées de pluie : telles sont la *Hongrie*, la *Moravie*, la *Bohême*, les plaines de l'*Allemagne du Nord*, la *vallée du Rhin* de Colmar à Mayence, la *Thuringe*, la *Russie*, etc.

2° Dans les lieux suivants la quantité de pluie annuelle est de :

	Centimètres.		Centimètres.
Presbourg	46	Bonn	60
Brunn	50	Kiel	65
Vienne	59	Kreuznach	48
Szegedin	52	Erfurt	53
Pesth	52	Mühlhausen (Thuringe)	41
Prague	47	Petersbourg	42
Rostock	43	Varsovie	58
Leipzig	55	Kronstadt	42
Posen	51	Odessa	36
Danzig	48	Astrakan	12
Berlin	60		

Dans ces contrées, la fréquence des pluies est à peu près dans la même proportion. Il y a souvent des périodes de manque absolu de pluie, et par cela la culture fourragère y reste fort bornée. Les graminées sont loin de pouvoir être cultivées avec autant de succès que, par exemple, dans la région des Alpes. — Les principales plantes fourragères y sont les légumineuses trifoliées à racines profondes : dans le Sud, la luzerne et le trèfle rouge, et dans le Nord, de préférence ce dernier seulement.

Dans la basse plaine de la Hongrie, il y a souvent des années avec une longue période de sécheresse, qui y fait manquer les récoltes. Des soixante-quinze années anté-

rieures à 1864, il y en a eu vingt-deux de mauvaises et dix-
neuf l'ont été par suite de sécheresse. A Altenbourg, par
exemple, il y a eu de ces déplorables étés secs :

En 1862, où du 5 mai au 22 sept., soit en 140 jours, il n'est tombé que
3 pouces d'eau.

En 1863, où du 19 mai au 30 septembre, soit en 134 jours, il n'est tombé
que 3,4 pouces d'eau.

En 1865, en 137 jours il n'est tombé que 2,7 pouces d'eau.

Et, dans les trois cas, ce peu d'eau est tombée en petites pluies et
d'un effet inutile.

Dans de telles contrées, il n'y a pas lieu despérer d'avoir
jamais de grands revenus de la culture fourragère. Cependant l'on est forcé également, par la concurrence américaine, de s'occuper avec plus de soin de ce genre d'exploitation rurale : non pas, il est vrai, pour le faire prédominer,
mais afin de rendre plus productive la culture des céréales
et de devenir ainsi plus fort pour soutenir cette concurrence.
Ici, la culture fourragère doit servir surtout à aider celle
des céréales ; mais, dans certaines circonstances, et en étant
pratiquée rationnellement, celle-là pourrait aussi, çà et là,
produire un bénéfice plus grand même que la culture du
blé, à laquelle, jusqu'à présent, l'on s'est appliqué de
préférence.

La sécheresse des étés est un fléau dont souffre plus fort
encore la région dite *méditerranéenne*, qui comprend le littoral, les péninsules et les iles de la mer de ce nom, soit
l'*Espagne*, le *Midi de la France*, l'*Italie*, l'*Illyrie*, la *Dal-
matie*, l'*Albanie*, la *Grèce* et les rives de l'*Asie Mineure*.
A la fin d'avril déjà ou, au plus tard, au milieu de mai,
commencent à régner des températures absolument estivales
ou d'été, avec les maxima et les moyennes diurnes qu'elles
présentent d'ordinaire aussi en juillet et août. Pendant cette

période, la sécheresse de l'air augmente considérablement, et la pluie, et même la rosée, deviennent de plus en plus rares. L'aridité de la terre et la chaleur de l'atmosphère arrêtent la végétation, et elle se livre à son « sommeil d'été ». Les graminées annuelles et bisannuelles se dessèchent, pour repousser en octobre à la faveur des pluies d'automne ; aussi ne se développent-elles point d'une façon productive. Il n'y a pas là des prairies naturelles plantureusement enherbées ; on ne voit guère que de maigres pâtures, à gazon court et composé de petites fétuques, de bromes de médiocre valeur, et qui sont bons seulement pour des races de moutons se contentant de peu. L'espèce bovine ne trouve pas à s'y nourrir suffisamment : elle ne donne que des bêtes de trait et ne peut servir à une riche production de lait et de viande. Pour les prairies artificielles, l'eau manque généralement, mais quand elle abonde, on peut tirer des prairies irriguées de grands produits ; en ce cas, la sécheresse de l'été n'est pas préjudiciable, et la température élevée y favorise magnifiquement le développement des herbes fourragères, comme, par exemple, dans la Haute Italie et dans quelques parties du Valais.

Le nombre des jours de pluie pendant les cinq mois d'été (mai, juin, juillet, août et septembre) est de :

Malte	10	Bologne	46
Naples	24	Valence (Espagne)	17
Rome	23	Madrid	21

Ce n'est qu'au manque de pluie et non à la nature du sol que sont dus les *déserts* qui occupent de si vastes espaces dans le Sahara africain, dans l'Asie, dans l'Ouest de l'Amérique du Nord, etc.

A côté de la *quantité* d'eau tombée, il faut aussi considérer le *nombre des jours* de pluie comme ayant de l'importance pour la végétation herbacée. Si, comme dans les terres de la Russie méridionale, la pluie ne se précipite qu'à l'état d'averses d'orage, et qu'entre-temps il n'y en ait plus durant des mois, il est facile de comprendre que le régime des pluies, quoique la quantité annuelle soit assez forte, ne laisse pas d'être défavorable à la végétation. Ce sont justement les graminées fourragères qui souffrent le plus des longues sécheresses, parce que leurs racines s'étendent surtout dans la couche supérieure du sol et sont sujettes par là à périr les premières par manque d'eau. Dans la région des Alpes, en Écosse, en Norvège, et dans les autres pays très pluvieux cités ci-dessus, il y a égalité entre la quantité d'eau tombée et le nombre des jours de pluie. Là, il est rare d'avoir des séries de plusieurs semaines avec manque absolu de pluie, comme en Hongrie, où elles sont fréquentes, et dans le Midi de l'Europe, où il y en a régulièrement. Nos étés à chaleur modérée, reçoivent des pluies fréquentes, et il y succède un automne prolongé et devenant plus froid peu à peu. Ce sont des conditions climatériques propices aux prairies tant naturelles qu'artificielles, mais qui le sont moins à la culture des céréales.

Le nombre annuel des jours de pluie dans la région océanique septentrionale est de :

En 1877

Bruxelles	182	Iles Lewis (Écosse)	193
Stonyhurst	199	Thurso	292
Dublin	195	Glasgow	234

En ne comptant comme jours de pluie que ceux où il en tombe au moins 1/4 de millimètre, leur nombre est de cent quarante-cinq dans le Nord de la Suisse. Sur cent jours,

il y a, d'avril à septembre, les nombres suivants de jours
de pluie :

A Londres	46	Russie	22
Aux côtes de la Baltique	40	Aux côtes de la Mer Noire	25
A Kiew	35	A Astrakan	20
Dans les steppes du Sud de la		A Bakou	17

Les contrées riches en pluies fréquentes et abondantes se
distinguent aussi par des rosées copieuses et celles-ci sont
d'une haute importance pour les prairies. La rosée manque
où l'air est très sec, comme dans les déserts, les steppes ;
elle est au contraire fort intense sous les tropiques, dans
les montagnes, et dans les claires matinées d'été, l'on y voit
les arbres et les buissons couverts d'eau comme après une
chute de pluie.

L'on ne saurait nier que dans ces dernières dizaines
d'années, la culture fourragère n'a pas eu dans la littérature
agricole et les recherches des savants la part qu'elle mérite.
On s'est perdu dans des considérations profondes sur les
moyens de rendre l'agriculture plus productive, sans changer
beaucoup ses procédés, et aujourd'hui l'expérience nous
enseigne que les petites modifications qu'on y a introduites
sont insuffisantes contre la puissance d'un nouvel état de
choses, qui est la conséquence du grandiose perfectionnement des voies et moyens du trafic universel. Il est reconnu
maintenant combien l'on a eu tort de donner si peu de soins
à la culture fourragère. Mais, pour y remédier efficace-
ment, nous n'avons pas la connaissance des principes scientifiques de la question, et, à beaucoup d'égards, il nous
manque encore les expériences les plus nécessaires. Il est
vrai que le mal peut être réparé, mais seulement au prix de

sacrifices de la part des gouvernements et des sociétés d'agriculture. Ce serait une faute que de s'en remettre pour tout cela à l'initiative privée; on y perdrait le temps le plus favorable et le mieux fait pour assurer les succès de l'avenir, et plus tard, on aurait lieu sans doute de déplorer de n'être pas arrivé à temps. C'est pourquoi, à l'œuvre au plus vite! Il appartient aux sociétés de guider ce mouvement, d'appeler l'attention des gouvernements sur les besoins de l'agriculture et de demander leur appui, afin de ne pas être dans le cas de reculer sans avoir rien accompli de cette tâche si louable.

La concurrence de l'Amérique est moins à redouter pour es produits de l'élevage du bétail, quoique, là aussi, cette branche de l'agriculture se soit développée grandement pour répondre à la demande de plus en plus croissante qui se fait de ces produits. Mais quant à ceux-ci, une légère et d'ailleurs improbable baisse des prix n'est pas aussi préjudiciable que pour le blé, si nous nous mettons partout à pratiquer rationnellement la culture des fourrages ; car, par une amélioration bien entendue, nous pourrons en doubler le rendement ou même le multiplier davantage, tandis qu'il nous est impossible d'en faire autant de la culture du blé. En outre, dans l'Amérique, la fabrication des produits de l'industrie laitière est bien loin de se pratiquer dans des conditions aussi favorables que la production du froment. Les États de l'intérieur de l'Amérique du Nord, desquels part la concurrence qui pèse si fort sur les blés européens, sont pauvres en pluie.

Ainsi, par exemple, la quantité annuelle est :

Dans le Dacota..... de 30 à 40 centimètres.
  »   Nebraska... de 30 à 70   »
  »   Minnesota.. de 50 à 70   »

Les quantités de pluie augmentent dans les États de l'Est et cela en proportion de leur voisinage de l'océan Atlantique, ainsi qu'il appert des chiffres suivants :

	Centimètres.			Centimètres.
Michigan ...... de	70 à 90		New-York ...... de	70 à 100
Illinois......... de	90 » 100		Pensylvanie.....	100
Indiana......... de	100 » 110		Maine.......... de	90 à 100
Ohio .... de	100			

Malgré ces quantités de pluie relativement fortes du littoral de l'Atlantique, l'air s'y distingue par une *grande sécheresse*, ce qui est cause que l'eau tombée est rapidement évaporée et ne profite guère à la végétation. L'évaporation annuelle est le double, par exemple, de celle de l'Angleterre. Ce peu d'humidité de l'air se fait sentir dans la végétation, en ce que, dans les forêts situées à moins de quatre cents mètres d'altitude, il n'y a aucune abondance de mousses et que dans les États de l'intérieur il ne peut se former des gazons compacts d'une certaine étendue ; en outre, c'est ce qui fait aussi que le pain se dessèche si vite. Dans les États-Unis il n'y a que l'Orégon qui ait un climat pareil au nôtre ; mais celui-là est trop éloigné dans l'Ouest pour qu'il puisse déjà nous faire concurrence.

Les conditions naturelles de l'élevage du bétail, même dans les États de l'Amérique du Nord, où l'agriculture est déjà ancienne, ne sont pas aussi favorables que dans les contrées de l'Europe où il se cultive le plus de fourrages, et comme d'ailleurs les procédés d'exploitation n'y diffèrent guère des nôtres, nous n'avons pas à nous inquiéter de ce genre de concurrence. Si nous savons faire faire de bons progrès à la culture fourragère et à l'élevage du bétail, nous serons certains de ne point céder devant les Américains.

Les *prix de la terre* diffèrent considérablement aux États-Unis. Dans les grandes villes, il se paie des prix aussi fabuleux que dans celles de l'Europe, et à leur proximité, où l'on peut pratiquer le jardinage, un millier de dollars par acre passe pour un prix modique. A trente kilomètres de Philadelphie ou de New-York, la terre se vend à partir de 100 dollars l'acre. La bonne terre des régions à froment de l'Ouest coûte déjà plus de 100 dollars. Quant au prix de la main-d'œuvre, la *moyenne de la journée* d'un bon ouvrier de campagne était, en 1874, de 1,48 dollar dans la Nouvelle-Angleterre, et de 1,26 dollar dans les États du Centre.

CHAPITRE IV

Engazonnement naturel.

Il n'y a pas longtemps encore que, pour une terre des-
tinée à être cultivée en fourrage, on se bornait, après la
moisson de la céréale, à l'abandonner à elle-même pour y
laisser croître ce que le sol produisait spontanément. Ce
n'est que par suite du renchérissement des produits agricoles, ainsi que de la terre, qu'on a commencé peu à peu à
semer certaines espèces de graminées et de légumineuses
trifoliées, en trouvant que, par là, le rendement était beaucoup augmenté et que, dès la première année, l'on faisait une
bonne récolte. Malheureusement, en dépit d'expériences si
fovorables, la vieille méthode persiste quand même à beaucoup
d'endroits, surtout dans les Alpes, et encore aujourd'hui
l'on y voit le paysan, comme il y a cent ans, laisser simplement l'éteule se couvrir de tout ce qui veut y pousser naturellement. Il est vrai que ce sol, grâce au favorable régime
pluvial de nos contrées, qui le rend très propre à la végétation herbacée, s'engazonne plus ou moins dans la première année ; *mais cette production ne consiste qu'en graminées médiocres, entremêlées de mauvaises herbes très
nombreuses.* Si l'on examine un « pré naturel » de cette

sorte, on voit que les graminées dominantes sont le *pâturin commun (Poa trivialis,* L.) ainsi que la *houlque laineuse:* celle-ci (*Holcus lanatus,* L.) est une espèce de très petite valeur agricole, qui est dans les prairies une véritable mauvaise herbe, dont le foin est léger comme de la laine et dont la toise (5,832 m³) pèse à peine cinq quintaux [1]. Si l'on s'imagine en avoir récolté une grande quantité, l'on est dans l'erreur, car le recours à la balance réduit très fort ces belles illusions. A cause des poils dont les feuilles sont revêtues, la houlque laineuse n'est pas mangée volontiers du bétail, quoique le contraire soit prétendu par certains écrivains agricoles. A côté de cette espèce, l'on trouve la *flouve odorante* (*Anthoxanthum odoratum,* L.), qui ne vaut guère mieux et dont la semence mûrit dans la céréale et tombe : elle aussi ne donne qu'un fourrage médiocre. Le sol de ce pré pitoyable est recouvert par les tiges, étendues en tous sens, de la *renoncule rampante (Ranunculus repens,* L.) à laquelle est associée d'ordinaire la *petite-oseille (Rumex Acetosella,* L.), et l'une et l'autre sont des herbes très nuisibles. Çà et là se trouve aussi la forme du *fromental (Avena elatior,* L.) dite *avoine à chapelet,* distinguée par les renflements superposés du pied de sa tige, et dont les racines ont persisté dans le champ même après plusieurs années de culture. Voilà l'état du pré dans la première année. Mais celui-ci change immédiatement et d'une manière avantageuse après qu'on l'a gratifié d'un premier arrosement de purin. Comme je l'ai prouvé (Voy. *Ensemencement des prairies au moyen du purin,* dans la Feuille hebdomadaire de l'Agriculture autrichienne, 1880, n° 47.), *cet excellent engrais liquide contient une quantité de graines, notamment de trèfle*

---

1. De kilos.

rouge et blanc, encore capables de germer, qui, sorties de l'organisme animal sans avoir été digérées, sont arrivées dans le purin avec les déjections solides.

J'avais déterminé mon ami, M. J. PAULI, à Utzenstorf (Berne), à garder et à sécher le dépôt resté dans une tonne à purin après un arrosage. L'examen qui en fut fait constata que ce résidu consistait en 98 0/0 de terre, mais avec laquelle il y avait aussi 1,19 0/0 de *graines diverses*. Un fourrage, on le sait, contient toujours des semences mûres, et c'est notamment le regain qui est très riche en graines parfaitement développées, surtout des trèfles rouge et blanc. Celles-ci passent avec le fourrage dans l'estomac de l'animal; mais comme elles n'y sont digérées qu'en partie et qu'une certaine quantité ressort de l'intestin, avec toute sa vitalité, on s'explique comment ces graines se trouvent dans le purin.

Un kilo du résidu en question contenait :

Trèfle blanc	11.816 graines.	Houlque laineuse.	16 graines.
Trèfle rouge	1.442	Alysson	10
Lupuline	26	Pissenlit	10
Gesse des prés	5	Flouve odorante	10
Petite oseille	189	Renoncule âcre	10
Plantain lancéolé	95	Cumin des prés	5
Oseille des prés	37	Ansérine	5
Quintefeuille	84	Fromental	5
Myosotis	53	Timothy	5
Pâturins	63	Carotte sauvage	5
Ray-grass anglais	42	Espèce de silène	5
Renouée persicaire	21	Galéope d⁵ champs	5
Brunelle	21	Persil d'âne	5
Sétaire glauque	21	Graines de raisin	5
Centaurée des prés	16	3 Inconnues	58

Total : 32 espèces en............ 14.090 graines.

Si l'on compte que chaque tonne de purin, de la contenance de douze hectolitres, ne contient qu'un kilo de ce ré-

sidu, mais qu'en deux fois l'an un hectare reçoit la décharge
de cent de ces vases, il suit que de cette manière il n'arrive
sur la prairie pas moins de 1,409,000 graines, qui proviennent presque toutes des trèfles blanc et rouge, puisque celles-
ci sont au nombre de 1,325,000.

Les graines de ces trèfles recueillies du résidu de purin
ont été, le 16 décembre 1879, examinées avec le plus grand
soin pour déterminer leur faculté germinative. En dix-huit
jours :

	Trèfle blanc.	Trèfle rouge.
Ont germé	62 0/0	92 0/0
Ont pourri	5	4
Sont restées dures	33	4
Total	100 0/0	100 0/0

Si, de ces graines restées dures, l'on admet comme capables encore de germer un tiers de celles du trèfle blanc et la
moitié de celles du trèfle rouge, et qu'on les porte aussi en
compte, il résulte que la faculté germinative est pour le premier de 74 0/0 et pour le second de 94 0/0. Celle-ci y
atteint donc un chiffre qui ne s'observe que chez les meilleures qualités de la semence du commerce. Cette faculté
germinative ne se serait pas trouvée aussi grande chez
les autres graines, parce qu'elles avaient en partie souffert
beaucoup ou avaient été déformées au point d'être mécon-
naissables.

Il est vrai que celles des trèfles n'auraient pas présenté un
degré si haut de faculté germinative, si elles avaient été
essayées immédiatement après avoir été retirées de la tonne à
purin ; mais c'est là une question qui a besoin de recherches
ultérieures. Quand elles passent de la tonne sur la prairie,
où elles sont exposées à des alternatives d'humidité et de

sécheresse, de chaleur et de froidure, la faculté germinative n'en est certainement pas moins grande.

Ce qui vient d'être exposé prouve de nouveau la haute valeur des engrais liquides pour les prairies; nous voyons par là qu'ils ne s'en tiennent pas seulement à les doter de principes que la chimie démontre être indispensables à la nutrition des plantes, mais que leur influence favorable consiste aussi en grande partie dans l'apport de nombreux organismes végétaux. Du reste, personne n'est mieux convaincu de ces vérités que le paysan de la Suisse, qui estime que pour un nouvel engazonnement de son pré, un arrosement au purin vaut autant que de l'ensemencer à moitié de trèfles. Je connais beaucoup de vaillants cultivateurs qui ne veulent pas entendre parler de semailles artificielles, parce que, disent-ils, l'herbe pousse toute seule après que le pré a été arrosé de purin deux ou trois fois. Ils ont remarqué aussi que ce sont principalement les trèfles blanc et rouge que cet engrais liquide fait pousser en touffes serrées, mais sans se douter qu'ils en apportent les graines sur le pré avec le purin même et que tout arrosement équivaut à un léger semis. D'ailleurs, il résulte des déterminations botaniques communiquées ci-dessus, que la collection de graines contenue dans le purin est très uniforme et se compose, comme on l'a constaté pratiquement, en majeure partie de trèfles blanc et rouge, surtout du premier. Les cultivateurs feraient donc mieux de commencer par semer un mélange convenable de graines afin d'obtenir un bon rapport dès les premières années. Par là, la semence du purin ne sera nullement perdue : car, comme on le sait, la teneur en trèfles étant sujette à diminuer après la deuxième année déjà, il est utile d'en repourvoir constamment la prairie par les apports de cet engrais liquide.

Si les excréments solides sont portés au fumier, où ils

restent pendant six mois, les graines y périssent en partie. Et même celles qui résistent perdent toute leur valeur, parce que, le plus souvent, le fumier est enfoui au labour et si profondément que les graines fines sont mises dans l'impossibilité de germer. Et même si elles lèvent en partie, ces plantes doivent être regardées comme des mauvaises herbes qui sont préjudiciables à la culture du pré.

La conséquence de l'emploi du purin est que, dès le premier arrosage, la végétation de la jeune « prairie naturelle » prend un aspect plus satisfaisant et qu'elle gagne à chaque répétition qu'il s'en fait. Le sol se garnit peu à peu de *trèfle blanc* (*Trifolium repens*, L.), qui trouve assez de place pour pousser au loin ses tiges couchées et radicantes et en recouvrir peu à peu le champ tout entier. Il a pour associé le *trèfle rouge* (*Trifolium pratense*, L.), mais celui-ci n'est pas aussi envahissant que le blanc, et sa souche n'émet pas des tiges allant ramper de tous côtés ; il se contente de renforcer son pied et il n'en détache que des rameaux courts. C'est pourquoi le trèfle rouge ne devient jamais aussi prédominant dans un pré que le trèfle blanc. Mais le purin apporte encore d'autres semences, tant de mauvaises herbes que de bonnes plantes. Les première toutefois en petite quantité.

Une graminée qui apparaît souvent dans les bonnes terres sans y avoir été semée est le *pâturin commun* (*Poa trivialis*, L.). Dans les prairies grasses, il se présente à la première coupe en touffes très serrées, et, quoique ne s'élevant guère, il ne laisse pas d'être d'un bon rapport. Mais il est d'autant plus réduit à la seconde coupe, où il ne fait que ramper sur le sol en prenant la place de plantes plus développées. C'est pour cela que « l'herbe feutrée », comme on l'appelle alors, est détestée du cultivateur.

Il y a un autre procédé d'engazonnement naturel, qui est plus fréquemment employé que celui-là. On commence, il est vrai, par un semis, soit de trèfle, soit d'esparcette ; mais après que, au bout de quelques années, ces plantes se mettent à disparaître, on laisse à la nature le soin de les remplacer. Nous appellerons cette méthode celle de *l'engazonnement naturel perfectionné*, pour la distinguer de la précédente, qui pour nous est celle de l'*engazonnement naturel primitif*. Cependant, ici encore, surtout si l'on arrose de purin souvent et fort, il pousse peu à peu certaines herbes, mais qui ne comptent pas parmi les plus productives ni celles à recommander. En toutes circonstances, c'est toujours un moyen très coûteux que de vouloir augmenter la production fourragère à force d'engrais, parce que le rendement n'est pas en juste proportion avec la dépense de matière fertilisante. Sur une terre qui n'est pas déjà garnie de plantes, l'engrais perd son utilité, tandis que, si nous commençons par semer les plantes convenables, les frais de la fumure seront bientôt compensés. Il est inexact de soutenir qu'un semis de graminées ne fait pas un engazonnement serré ; au contraire, si l'on a recours à un juste choix de graines, l'ensemencement artificiel, avec une dépense égale d'engrais, produit un gazon bien meilleur et un rapport plus considérable.

CHAPITRE V

Semis de fleur de foin.

La coutume assez répandue d'ensemencer en *fleur de foin* ne constitue pas un progrès sur l'engazonnement naturel primitif, quoique beaucoup d'agriculteurs pratiques vous soutiennent que ce procédé est encore le meilleur : *il faut*, disent-ils, *rendre au sol la semence qu'il a produite lui-même.*

Le moyen rationnel le plus sûr de juger de la valeur de la fleur de foin, c'est de l'examiner botaniquement. Jusqu'ici nous n'avions sur ce sujet que les recherches faites par l'auteur de ce livre, et qui ont été publiées en partie dans la première édition de celui-ci et dans la *Gazette agricole de la Suisse allemande*, en 1882. Des recherches de même nature ont été publiées dernièrement par M. Schribaux dans un *Journal d'agriculture*, de Paris. Nous n'en citerons que deux exemples. Un échantillon de fleur de foin, pris par moi-même dans un lot destiné à être semé sur les terres de l'Orphelinat de Wädenswyl (Zurich), contenait :

Balles, poussière et impuretés.........	66,52 0/0
Graines diverses	33,48
Total..............	100, » 0,0

Les 33, 48 0/0 de graines consistaient en :

Pâturins	2,89 0/0	Ray-grass anglais..	0,16 0/0
Houlque laineuse..	1,40	Fétuque ovine	0,16
Fétuque des prés ..	0,64	Flouve odorante...	0,16
Avoine jaunâtre ...	0,48	Trèfle rouge	0,16
Dactyle	0,32	Trèfle jaune	0,16
Vulpin des prés....	0,32		

Total des bonnes graines..... 7,14 0/0

Plantain lancéolé. **24,32** 0/0		Renoncule âcre..	0,12 0/0
Brome doux	0,48	Grande pimpre-	
Crête de coq	0,32	nelle	0,12
Eperviaires	0,32	Myosotis	0,12
Oseille	0,16	Chrysanthème des	
Boucage à grandes		moissons	0,03
feuilles	0,16	Inconnue	0,03
Cumin des prés..	0,16		

Total des mauvaises herbes.......... 26,34 0/0
Total général......................... 33,48 0/0

Il y a donc prédominance des mauvaises plantes, parmi lesquelles le plantain lancéolé est pour près d'un quart (24,30 0/0).

Un kilogramme du mélange contenait :

Plantain lancéolé	183,869 graines	*Report* :	197,077 graines
Eperviaires	6,120	feuilles	1,611
Cumin des prés.	1,933	Grande pimpre-	
Crête de coq ...	1,933	nelle	1,611
Brome doux....	1,611	Renoncule âcre.	322
Myosotis	1,611	Chrysanthème. .	322
Boucage à grandes		Inconnue	322
A reporter	197,077 graines	Total	201,265 graines

Un kilogramme de cette fleur de foin contenait donc 201,265 graines de mauvaises herbes.

4

Celles-ci étaient fort bien constituées, tandis que les bonnes semences étaient très légères et menues.

De l'avoine jaunâtre il n'a germé que   7 0/0
De la houlque laineuse   20 —

Il est facile de comprendre qu'un tel mélange n'est d'aucune valeur pour la culture fourragère, et que c'est dommage de sacrifier un seul pied carré du sol à un semis de cette nature.

Il est vrai qu'on peut, comme ç'a été fait souvent, nous objecter avec raison que la fleur de foin n'a pas toujours la même composition ; mais ce n'est pas vrai de soutenir qu'il peut s'en trouver de bonne qualité : cette semence ne peut être que mauvaise, tantôt plus, tantôt moins, et, dans ce dernier cas, le paysan la regarde d'ordinaire comme « bonne ». Mais j'ai fait voir dans la susdite *Gazette agricole*, (1882, p. 243), comme est composée cette prétendue bonne fleur de foin.

M. WIEDERKEHR, agriculteur à la Stockmatt, près de Willisau (Lucerne), l'un des auditeurs les plus zélés du cours sur la culture fourragère que j'ai professé là en 1881, m'a envoyé à analyser un paquet de fleur de foin. Jusqu'alors, comme la plupart des cultivateurs de son pays, il avait eu l'habitude de faire une prairie simplement par un semis de fleur de foin ; mais le peu de valeur de cette semence lui fut démontrée dans mes leçons, et il fit l'expérience qu'il était plus avantageux d'employer un mélange convenable de graines de graminées et de trèfles purs et capables de germer. Cependant plus tard, ayant considéré combien était belle la fleur de foin trouvée au printemps sur son fenil, il eut la tentation de revenir à l'ancien procédé, et c'est pourquoi il m'en expédia un échantillon à examiner, avec la remarque qu'elle ne pouvait pas être aussi mauvaise

que je l'avais affirmé dans mon cours et que certainement
elle était meilleure que celle des autres paysans, puisque
les prairies d'où elle provenait étaient toutes bonnes et
grasses. Il nous importait donc beaucoup de rechercher la
vraie valeur de cette semence; et il pouvait être intéressant
à d'autres cultivateurs de savoir, une fois, quelle est la composition d'une « bonne fleur de foin ».

L'analyse a trouvé :

Balles	45,802 0/0
Houlque laineuse	49,909
. Autres graines	4,277
	99,988 0/0
Pertes	0,012
	100,000 0/0

Elle consistait donc, à côté des balles, pour la plus grande
partie en graines de houlque laineuse. Or, sur 800 de
celles-ci 47 seulement germèrent, soit 6 0/0, de sorte qu'en
nombre rond cette fleur *ne contenait que* 3 0/0 *desdites
graines capables de germer*. Mais dans le commerce un pour-
cent de kilo de graines de houlque laineuse pures et capables
de germer se paie environ 1 $\frac{1}{2}$ centime; et si la valeur de la
fleur de foin n'était estimée que d'après la houlque, le prix en
serait donc de 4 $\frac{1}{2}$ cent. le kilo, ou de 4 fr.50 les 100 kilos.
Maintenant, il est reconnu que la fleur constitue un meilleur fourrage que le foin même. Mais 100 kilos de foin
coûtent de 8 à 10 francs, et l'on peut donc admettre une
valeur égale pour 100 kilos de fleur employée comme fourrage. Par conséquent, 100 kilos de cette substance auraient :

pour la semaille, une valeur de   4 fr. 50 seulement ;
et pour faire consommer,   —   9 fr.   » au moins.

Pour cette raison déjà, il n'est pas à recommander de faire des semis de fleur de foin : il sera beaucoup plus avantageux de la faire consommer au bétail et d'acheter en place de bonnes graines fourragères. — Mais il y a d'autres raisons, plus importantes encore, de déconseiller l'emploi de la fleur de foin comme semence pour les prairies. — La houlque laineuse n'a quelque valeur que pour certains sols, tandis que pour d'autres, elle doit être absolument regardée comme une mauvaise herbe. Elle ne peut servir que pour les marais et les terres les plus pauvres ; mais elle doit être rejetée des terres de bonne qualité, parce que celles-ci sont de nature à porter des plantes beaucoup meilleures et que la houlque laineuse s'y introduit d'elle-même en quantité plus que suffisante. Et si, de plus, elle y est encore semée par la main de l'homme, on la verra pulluler et l'emporter sur les autres plantes meilleures qu'elle, former de gros coussins de gazon et devenir une mauvaise herbe des plus nuisibles. Le foin de la houlque laineuse, comme nous l'avons déjà remarqué, étant léger comme la laine, on se tromperait fort en pensant évaluer le rapport d'après le volume. En outre, la qualité même de ce fourrage est médiocre ; aussi n'est-il pas mangé volontiers du bétail, qui probablement ne le digère que d'une manière incomplète. — C'est pourquoi il ne faut attribuer à de telles fleurs de foin aucune valeur pour les bonnes terres ; elle en a uniquement pour les marais et les terrains les plus mauvais, et encore cette valeur n'est-elle que de 4 cent. 1/2 par kilo.

Cependant, parmi les autres graines il y en a aussi environ 2 0/0 de bonnes, et ce sont :

		Dont ont germé.
Flouve odorante	1,020 0/0	4 0/0
Fétuque des prés	0,510	37
Dactyle	0,255	7
Trèfle rouge	0,127	30
Ray-grass anglais	0,127	25
Autres bonnes semences	0,151	»

La proportion des bonnes graines est donc si minime, et elles sont si peu capables de germer, qu'elles doivent être considérées comme sans valeur. La fleur contenait en outre 0,510 0/0 de graines de Lupuline, mais dont aucune n'a germé.

Malgré ces résultats défavorables, cette fleur de foin compte parmi les moins mauvaises, parce qu'elle ne contient proportionnellement qu'un petit nombre de mauvaises herbes, soit par kilo seulement 53.550 graines, des espèces suivantes :

Plantain lancéolé	21.420 graines.	
Grande marguerite	9.435	—
Crépide	5.610	—
Renoncule âcre	4.080	—
Grande patience	3.570	—
Petite oseille	2.040	—
Oseille des prés	1.530	—
Avoine jaunâtre, carotte sauvage, amourette, brome doux, scirpe des bois, etc.	5.865	—
Total des mauvaises graines..	53.550 par kilog.	

En semant sur un hectare de terre la fleur de foin de 60 sacs de cinquante kil., l'on y apporte aussi 160 millions de graines de mauvaises herbes : or même en admettant qu'il n'en lève que la cinquième partie, l'on sera toujours affligé de 2 millions de pieds de plantain lancéolé, de 6 millions de grande marguerite, de 3 millions de crépide, de 2 millions de renoncule âcre, etc., etc. En vérité, à ce compte, le peu de graines de bonnes espèces, capables de germer, sont encore payées beaucoup trop cher!

Tels étant les résultats de l'analyse d'une fleur de foin passant pour « bonne », on peut conclure ce qu'il en est de celles qui sont mauvaises.

Dans un seul kilo d'un mélange bien composé de semences du commerce, nous avons en graines de bonnes plantes, capables de germer, autant que dans un quintal de fleur de foin, et, de plus, par là nous n'apportons sur le champ aucune des mauvaises herbes, tandis que, avec ce quintal de fleur de foin, nous semons aussi au moins 2 millions 1/2 de mauvaises herbes, qui compromettront fort la récolte. Ce n'est que grâce à une semence pure de mauvaises herbes et d'une haute faculté germinative que nous pourrons tirer de notre terrain le plus fort rendement de fourrages. Celui-ci est d'autant moindre que celle-là est plus impure et plus mauvaise.

Dans le canton de Zurich, où la fleur de foin forme çà et là un article de commerce, le sac se vend de 1 fr. 20 à 1 fr. 50, et comme il en faut 60 pour l'ensemencement d'un hectare, les frais d'achat sont de 72 à 90 francs. A peu près pour le même prix, on pourrait acheter la quantité nécessaire de bonnes et pures graines de graminées et de trèfles, de sorte que le semis de fleur de foin non seulement n'est pas *bon* mais encore il est *cher*. Une telle semence n'est donc pas même à recommander pour les places où il ne s'agit pas d'avoir du rapport, mais simplement de former un tapis de gazon, parce qu'elle est trop chère comparativement à la semence de graminées.

Tout le monde pourra soi-même se convaincre par des essais que le semis de fleur de foin est non seulement d'un rendement fort inférieur, mais encore de moindre qualité que le produit d'un mélange de graminées et de trèfles bien approprié au terrain.

A. Nowacki a fait comparativement des semis d'une fleur de foin et de trois différents mélanges et a obtenu les résultats suivants :

FOIN PAR HECTARE	MÉLANGES			FLEUR DE FOIN
	I	II	III	IV
	kil.	kil.	kil.	kil.
1876 en 2 coupes	4.783	4.452	4.254	2.803
1877 3 —	12.540	12.479	12.078	6.563
1878 2 —	11.873	11.048	11.544	8.740
1879 2 —	12.545	12.961	13.621	9.906
D'après la valeur vénale le revenu moyen de l'hectare a été par an ....Fr.	1.044	819	968	538

La notice rendant compte de ces expériences ne nous renseigne point sur la composition et la qualité de la fleur de foin et des mélanges employés.

Il en résulte que le rendement de la fleur de foin est de moitié inférieur à celui d'un mélange de graines fourragères, et que, quant à la valeur vénale, il reste aussi chaque année en arrière de 400 à 500 francs ; ce qui, pour une exploitation de six ans, représente à l'hectare une perte de 2.400 à 3.000 francs. C'est pourquoi, le produit des mélanges l'emportant si fort sur celui de la fleur, l'on est richement récompensé d'en avoir fait une fois pour toutes un semis du prix d'environ 100 francs par hectare.

Les mêmes résultats ont été obtenus par nombre d'agriculteurs qui ont expérimenté comparativement sur les mélanges et la fleur de foin. — J. BLUMENSTEIN, à Cerlier, écrit : « Le semis de fleur n'a donné au plus que la moitié du rapport d'un mélange, quoiqu'on ait renforcé les doses de purin. » — Le grand conseiller KLENING, à Witzwyl : « En semant de la fleur je n'ai eu que des mauvaises herbes, par suite de quoi le champ a été rompu. « — J. WITSCHI, à Hindelbank : « Deux mélanges ont donné par arpent soixante-seize et soixante-treize quintaux de foin, et la fleur seulement cinquante-six. » — SOMMI-KOHLI, à Ollon : « Chez nous le semis de foin ne produit guère et n'a plus de crédit, tandis qu'avec le rapport d'un arpent de semis de mélange je puis nourrir toute l'année une vache pesante. » — Franç. RAST, à Neuenkirch : « Sur un arpent, j'ai eu d'un mélange soixante-huit quintaux de foin, mais aussi soixante-deux de la fleur, parce qu'ici il s'était développé du trèfle naturel en quantité exceptionnelle » — Jacq. WERNDLI, à Wallisellen : « Le mélange a donné un rendement double de celui de la fleur. » Beaucoup d'autres agriculteurs s'expriment de même.

Il est d'usage, en beaucoup d'endroits, de mêler à la fleur de foin un peu de trèfle rouge et de semer ensemble. Quoique ce procédé soit préférable à la semaille de fleur pure, il est cependant à condamner, parce que, par là, les mauvaises herbes contenues en graines dans celle-ci ne restent pas moins nuisibles : au contraire, leur développement excessif étouffe le trèfle, de sorte que dès la première année il disparaît ou du moins s'amoindrit beaucoup.

Par conséquent, le semis de fleur de foin ne constitue pas un grand progrès sur l'engazonnement naturel : dans les deux cas, surtout dans les premières années, le produit est très médiocre, de peu de qualité et mêlé d'innombrables mauvaises herbes et de plantes suspectes. Il est clair que la culture fourragère, pratiquée d'après cette méthode, ne peut être rémunératrice et n'est pas une culture conforme à nos idées actuelles : cette manière irrationnelle de produire des fourrages, pouvait se justifier il y a un siècle ou davantage, mais elle est absolument contraire aux conditions dans lesquelles nous nous trouvons aujourd'hui, par suite du prix de la terre, de la main-d'œuvre et de la vente des produits. *Actuellement, il faut que dès les premières années, la culture fourragère soit d'un plein rapport, si l'agriculteur veut en avoir du bénéfice; et il faut aussi que le fourrage soit exempt le plus possible de mauvaises herbes et de plantes de peu de valeur.*

CHAPITRE VI

Théorie et calcul des mélanges.

Pour l'engazonnement artificiel d'un terrain, l'on peut suivre deux voies principales : l'une consiste à mettre en semis *pur*, et seule, telle ou telle plante fourragère, et l'autre à mettre un *mélange* de deux ou plusieurs espèces. En semis purs, on emploie généralement le trèfle rouge, le sainfoin, la luzerne ou le fromental. Mais, quant à la *culture du trèfle*, celle-ci ne peut recevoir plus d'extension, parce que le trèfle rouge ne réussit d'une manière sûre qu'à condition de ne revenir sur le même champ que tous les six ans. En outre, cette espèce est d'un produit très incertain. D'après une expérience de quarante ans, BLOCK affirme que, même sur un sol très bien approprié à la culture du trèfle rouge, l'on ne peut compter en quatre périodes que sur trois récoltes complètes. Ce que BLOCK disait il y a vingt ans, s'applique encore mieux aux circonstances actuelles. Si l'on commet l'imprudence d'acheter et de semer de la graine contenant de la cuscute, le rendement est médiocre et les préjudices indirects très considérables. Si l'on sème du trèfle originaire d'Italie ou de quelque autre provenance mauvaise, les plantes sont sujettes fréquemment à périr pendant l'hiver, et ici encore la récolte est nulle. Pour toutes ces causes, la culture du trèfle en semis pur va diminuant de plus en plus. Dans les terres favorables, on sème souvent du *sainfoin;* mais cette culture aussi s'est fort réduite dans ces dernières années, parce que les rendements sont devenus incertains, par suite soit de l'excès d'humidité soit de l'épuisement du terrain, notamment du sous-sol, qui se « fatigue » du sainfoin. En outre, cette plante est en général peu productive et impropre à une culture intensive, car la première coupe seule est considérable et la seconde souvent insignifiante. La *luzerne* est excellente comme fourrage vert, mais les sols sont rares où elle puisse être cultivée avec succès; et si la réussite est incertaine, il vaut mieux ne pas s'en occuper. A la place du sainfoin et du trèfle rouge le *fromental* est, en beaucoup d'endroits, semé sur une grande échelle; mais quoique cette graminée, en mélange avec d'autres, devienne une herbe haute de bonne valeur, elle n'est pas à recommander pour semis pur. Elle s'élève très haut, mais le fourrage est dur, un peu amer, et à lui seul il n'est pas mangé volontiers du bétail. Un autre inconvénient, c'est que le fromental ne forme guère un engazonnement compact, et il laisse parmi ses pieds plus ou moins d'espace vide, de sorte que le rapport du pré n'est pas aussi fort qu'il paraît. A la seconde coupe il ne pousse que peu de tiges, mais plutôt des touffes de feuilles, qui ne sont pas bien développées; de sorte que par cette cause encore le produit est faible [1].

---

1. A qui veut se renseigner à fond sur les caractères botaniques, la culture, la valeur agricole, etc., de toutes nos espèces de fourrages,

En général, les plantes fourragères cultivées isolément, c'est-à-dire en semis purs d'une seule espèce, ne donnent point les plus forts rendements : *mais le produit le plus grand, le plus sûr et le plus soutenu ne s'obtient que par le semis de graminées convenables et de bonne qualité, mises en mélange avec des légumineuses en de justes proportions.* Ces dernières poussent leurs racines dans les plus profondes couches du sol, pour y puiser, en grande partie, les éléments minéraux, l'azote et l'eau nécessaires à leur subsistance et à leur accroissement. La souche du trèfle rouge descend à **2** pieds 1/2 ; et celle de la luzerne à deux mètres, et l'on en a même trouvé des racines longues de vingt à trente pieds ; celle de sainfoin s'enfonce jusqu'à sept mètres et davantage. Les graminées robustes étendent leurs racines dans les couches moyennes du sol végétal, tandis que la couche supérieure est occupée par celles des graminées fines. Il en est de même des organes aériens des plantes. Les graminées élevées, telles que le fromental, le dactyle, la fétuque des prés, etc., portent leurs chaumes et leurs feuilles haut dans les airs, pour en utiliser les gaz, la lumière et la chaleur ; les graminées de taille moyenne et les légumineuses tirent leur nourriture atmosphérique de la **région** intermédiaire, et enfin les graminées et légumineuses basses vivent dans la partie inférieure. De cette façon, il est tiré parti des différentes couches du sol et de l'air de la manière la plus avantageuse, et c'est pour cette raison qu'on obtient le plus grand rendement d'un mélange composé rationnellement. En ne semant qu'une seule espèce, on n'utilisera pas complètement l'air et le sol ; ainsi, par exemple, dans

nous recommandons l'ouvrage des *Meilleures plantes fourragères*, t. I et II.

un semis pur de ray-grass d'Italie ce ne sont que la couche
supérieure du sol et la couche moyenne de l'air qui sont mises
à profit, tandis que les autres restent sans usage. — Dans cette
esquisse nous n'avons admis que trois divisions de la profondeur du sol et de la hauteur de l'air ; mais nous aurions
pu tout aussi bien en compter des deux côtés, six ou davantage, attendu que les plantes d'un mélange bien composé
ne se prêtent pas à des séparations aussi précises, mais présentent d'insensibles transitions entre les espèces à souche
soit profonde soit superficielle et entre les espèces à taille
soit basse soit élevée.

Les mélanges ont aussi moins à souffrir des influences
nuisibles extérieures, comme de l'humidité, de la sécheresse,
des gelées, des maladies, des insectes, etc.

Si telle plante est compromise par la sécheresse, une
autre, qui y résiste mieux, en prend la place ; et, au contraire, l'espèce qui ne s'accommode pas d'un excès d'humidité est remplacée par une autre à laquelle elle est favorable.
Les mélanges souffrent moins aussi de la cuscute, de l'oro-
banche, des champignons, des insectes ; si certaines de ces
plantes en sont attaquées, il en reste d'autres pour remplir
le vide qui en résulte. Les gelées sont aussi moins dange-
reuses pour les espèces mélangées, parce que les moins
sensibles forment un abri pour celles qui sont plus délicates.
Par conséquent, le produit des mélanges est à la fois plus
abondant et plus assuré que celui des semis purs.

Mais ce n'est pas seulement sous le rapport physique que
les diverses espèces de plantes usent différemment du sol ;
il en est de même sous le rapport chimique. Les légumineuses lui enlèvent beaucoup plus de magnésie et de chaux
que les graminées, tandis que les cendres de celles-ci sont
plus riches en silice.

D'après Émile Wolff, 1.000 parties de la substance, des-
séchée à l'air, des plantes suivantes contiennent :

	POTASSE	CHAUX	MAGNÉSIE	SILICE
Ray-grass	7,20	1,50	0,40	6,50
Timothy	7,40	1,60	0,70	7,70
Trèfle rouge.	4,40	4,80	1,50	0,03
Trèfle hybride.	2,40	3,00	1,10	0,40
Luzerne.	4,60	7,90	1,00	1,10
Sainfoin.	3,40	4,40	0,80	1,00

C'est pourquoi, par un mélange de légumineuses et de
graminées le sol étant, chimiquement aussi, utilisé d'une manière plus générale, est d'autant moins sujet à un épuisement
partiel.

Dans un mélange bien entendu il entre à la fois des plantes précoces ou tardives ; l'une donne son plus grand rapport
à la première coupe tandis qu'une autre réserve au regain
son plus grand développement. Il s'ensuit qu'on a une
première, une deuxième, et, le plus souvent encore, une
troisième bonne coupe.

Telle espèce se développe bien et rend beaucoup déjà la
première année. Une seconde ne le fait que la deuxième
année, et une autre encore ne donne son rendement principal que la troisième ou la quatrième année. On voit donc
qu'un mélange composé rationnellement rapporte beaucoup
dès la première année et encore les suivantes.

Un fourrage mélangé est aussi plus profitable au bétail que
des graminées ou des légumineuses servies séparément.
Les dernières, prises pures, causent souvent la météori-

sation, ce qui entraîne de grands dommages pour l'agriculteur ; il est bien moins exposé à ce danger par l'emploi des mélanges. D'un autre côté, les graminées pures ne sont pas mangées volontiers du bétail, tandis qu'il prend avec plaisir un mélange de graminées et de légumineuses. — Un mélange bien composé profite mieux également à la nutrition des bêtes. — Il y a cet avantage encore que les légumineuses un peu mélangées de graminées sèchent plus facilement et se laissent aussi mieux conserver. Quand, dans un pré ne portant exclusivement que du trèfle rouge, de la luzerne ou du sainfoin, ces plantes ne réussissent plus bien, elles ne cesseront de donner un bon résultat au moyen d'un mélange qui les contient en proportions convenables.

Dans les mélanges usités jusqu'à présent, l'on a généralement pris pour mesure le *poids* d'une semence. Ainsi l'on disait, par exemple : un mélange pour une bonne et fertile terre, de composition moyenne, doit consister en :

2 kil. de ray-grass anglais.
1 1/2 — ray-grass d'Italie.
4 — dactyle, etc., etc.

Mais comme la qualité d'une semence, sous le rapport tant de la pureté que de la faculté germinative, est sujette à varier dans des proportions allant de 5 à 10 jusqu'à près de 100 0/0, il est clair que de telles données n'ont qu'une valeur très relative et souvent sont plutôt préjudiciables qu'utiles, si, en même temps, l'on n'a soin de tenir compte de cette qualité. Il va de soi que pour obtenir un même résultat, il faut une moindre quantité d'un ray-grass anglais à faculté germinative de 90 0/0 que de celui où elle n'est que de 10 0/0, et moins, également, d'un ray-grass anglais à 98 0/0 de pureté, que d'un autre qui n'en a que 49 0/0.

Voilà des points qu'il importe de considérer, si l'on veut éviter de se tromper très grossièrement. Une erreur, soit en plus soit en moins, peut également compromettre le rendement ou réduire le bénéfice, comme j'aurai lieu de le démontrer plus loin. Il est donc nécessaire d'user d'une autre méthode pour déterminer les éléments de la composition du mélange. Mais, d'abord, il sera bon de fixer le sens de certains des termes que nous employons.

En consultant le prix-courant d'un marchand grainier qui est à la hauteur du progrès, nous trouvons à côté du prix d'une semence la garantie de sa pureté et de sa capacité germinative exprimée en tant pour cent. Ainsi, par exemple, si pour le ray-grass anglais, nous trouvons : « garantie de 98 0/0 de pureté et de 90 0/0 de faculté germinative », cela signifie qu'on affirme que la marchandise contient 98 0/0 de graines *pures* ou véritables, [desquelles 90 0/0 sont capables de *germer*. Si de ces 98 0/0 de graines pures il ne germait que 1 0/0, la marchandise aurait 98 : 100 = 0,98 0/0 de graines *pures et capables de germer*. Mais comme il en germe 90 0/0, le résultat est 90 plus grand, et la marchandise contient $0,98 \times 90 = 88,2$ 0/0 de graines pures et capables de germer, de sorte que nous avons l'équation suivante : $\dfrac{98 \times 90}{100} = 88,2$ 0/0 ou $\dfrac{P \times F}{100} = V$, où P signifie la pureté, F la faculté germinative et V la quantité trouvée des graines pures et capables de germer. Celle-ci est brièvement désignée sous le nom de *valeur réelle*, et par là nous pouvons exprimer par un seul chiffre la valeur de la semence. D'une marchandise dont la valeur réelle est de 88 0/0, le kilo vaut autant que 2 kilos d'une seconde à

44 0/0, que 4 kilos d'une troisième à 22 0/0, que 8 kilos d'une quatrième à 11 0/0, car :

$$1 \times 88 = 88$$
$$2 \times 44 = 88$$
$$4 \times 22 = 88$$
$$8 \times 11 = 88$$

Si donc nous multiplions le nombre des kilos par le tant pour cent de la valeur utile, nous obtenons toujours le même nombre, que nous appellerons *pour-cent de kilo*. Supposons que dans un sac il y ait huit kilos d'une marchandise à 11 0/0, nous dirons qu'il contient 88 pour-cents et nous saurons exactement quelle est la valeur de la marchandise. C'est le même calcul que celui qui est en usage dans le commerce des alcools. Là, après avoir mesuré la proportion centésimale ou le degré de l'alcool absolu, par le procédé de Tralles ou de Gay-Lussac, on en multiplie le chiffre par le nombre des litres et l'on obtient les « centièmes de litre », d'alcool contenu dans le volume total du liquide examiné. Pareillement au commerce des alcools, dans celui des semences, les calculs, il faut l'espérer, se feront bientôt aussi en centièmes de kilo. Quoiqu'il en soit, il est nécessaire de procéder ainsi dans le calcul de nos mélanges, si nous tenons à suivre une voix sûre.

La quantité à employer de graines en mélange doit se mesurer sur la quantité de celles d'un semis pur fixée par l'expérience ou des essais.

Dans le tableau **I**, colonne III, est indiquée, pour l'hectare, la quantité moyenne de semence de vingt et une espèces de graines, déterminée d'après les données de nom-

TABLEAU I   **Quantité de semence par hectare, en pour-cents de kilo.**

I NUMÉROS	II ESPÈCES DE GRAINES	III QUANTITÉ normale de semence en kil.	MOYENNES			VII QUANTITÉ NORMALE de semence en pour-cents de kil.	QUANTITÉ DE SEMENCE AVEC ADDITION DE						
			IV PURETÉ p. 100	V FACULTÉ germinative p. 100	VI VALEUR réelle p. 100		VIII 10 p. 100	IX 20 p. 100	X 30 p. 100	XI 40 p. 100	XII 50 p. 100	XIII 60 p. 100	XIV 70 p. 100
1	Sainfoin	176	96	80	77	13552	14907	16262	17617	18972	20327	21682	23037
2	Trèfle rouge	20	98	90	88	1760	1936	2112	2288	2464	2640	2816	2992
3	Luzerne	30	98	90	88	2640	2904	3168	3432	3696	3960	4224	4488
4	Trèfle blanc	15	96	75	72	1080	1188	1296	1404	1512	1620	1728	1836
5	Trèfle hybride	15	96	71	68	1020	1122	1224	1326	1428	1530	1632	1734
6	Lupuline	21	95	85	81	1701	1871	2041	2211	2381	2555	2722	2892
7	Lotier corniculé	13	94	70	66	858	944	1030	1115	1201	1287	1373	1459
8	Fromental	80	66	70	46	3680	4048	4416	4784	5152	5520	5888	6256
9	Ray-grass anglais	60	95	75	71	4260	4686	5112	5538	5964	6390	6816	7242
10	Ray-grass d'Italie	50	95	70	67	3350	3685	4020	4355	4690	5025	5360	5695
11	Fétuque des prés	60	90	80	72	4320	4752	5184	5616	6048	6480	6912	7344
12	Dactyle pelotonné	42	75	70	53	2226	2449	2671	2894	3116	3339	3562	3784
13	Vulpin des prés	24	90	30	27	648	713	778	842	907	972	1037	1102
14	Flouve odorante	34	85	30	26	884	972	1061	1149	1238	1326	1414	1503
15	Houlque laineuse	25	70	40	28	700	770	840	910	980	1050	1120	1190
16	Fétuque durette	33	85	50	43	1419	1561	1703	1845	1987	2129	2270	2412
17	Timothy	30	96	91	87	2610	2871	3132	3393	3654	3915	4176	4437
18	Avoine jaunâtre	33	40	40	16	528	581	634	686	739	792	845	898
19	Crételle des prés	30	90	60	54	1620	1782	1944	2106	2268	2430	2592	2754
20	Pâturin des prés	22	80	50	40	880	968	1056	1144	1232	1320	1408	1496
21	Fiorin	12	85	85	72	864	950	1037	1123	1210	1296	1382	1469

breux écrivains agricoles et de marchands grainiers, ainsi
que d'après nos propres essais et calculs.

En ajoutant à ces chiffres ceux de la pureté et de la
faculté germinative, pour en déduire la valeur réelle d'une
bonne marchandise moyenne (dans les colonnes IV, V, et VI),
on peut, par le simple procédé exposé ci-dessus, calculer
en pour-cents de kilo la moyenne de la quantité nécessaire
de semence (col. VII).

D'après ce tableau, la quantité de semence nécessaire à
l'hectare est, pour le sainfoin de 13.552 pour-cents de kilo
(en nombre rond de 14.000) ; si la marchandise dont on dispose excède cette moyenne, il suffira de moins de 176 kilos ;
mais, si elle y est inférieure, il faut prendre une quantité plus
grande. Supposons que la valeur réelle soit de 60 : alors il
faudra 13.552 : 60 = 225 kil. 867 grammes, ou, en
nombre rond, 226 kilos.

Il revient au même de dire, pour le sainfoin : la quantité
nécessaire à l'hectare est de 135 kil. 520 grammes de
graines absolument pures et capables de germer, soit de graines
à 100 0/0 ; or, plus est bonne la marchandise dont on dispose,
c'est-à-dire plus est rapproché du chiffre 100 le tant pour
cent des graines pures et capables de germer (valeur réelle),
d'autant moindre est le poids qu'il en faut, et, inversement,
il faut prendre une quantité d'autant plus forte que la marchandise est plus mauvaise, d'après son bas chiffre du tant
pour cent en question. Pour les autres semences, la *quantité* nécessaire de *graines absolument pures et capables
de germer* se chiffre comme suit :

ESPÈCES DE GRAINES	PAR HECTARE	ESPÈCES DE GRAINES	PAR HECTARE
Trèfle rouge	17,60 kilog.	Dactyle pelotonné.	22,26 kilog.
Luzerne	26,40 —	Vulpin des prés...	6,48 —
Trèfle blanc.......	10,80 —	Flouve odorante...	8,84 —
Trèfle hybride......	10,20 —	Houlque laineuse..	7,00 —
Lupuline..........	17,01 —	Fétuque durette...	14,19 —
Lotier corniculé ...	8,58 —	Timothy..........	26,10 —
Fromental........	36,80 —	Avoine jaunâtre...	5,28 —
Ray-grass anglais..	42,60 —	Crételle des prés..	16,20 —
Ray-grass d'Italie..	33,50 —	Pâturin des prés..	8,80 —
Fétuque des prés...	43,20 —	Fiorin............	8,64 —

Cependant, les quantités de semence indiquées dans la colonne III ne doivent pas être prises comme fixes et invariables, mais elles peuvent être modifiées, suivant les circonstances locales. D'après celles-ci, tout agriculteur devrait établir à son usage un tableau pareil, et y conformer la composition de ses mélanges. De cette manière, il deviendra, en peu de temps, à même de déterminer les mélanges les mieux appropriés au terrain qu'il exploite.

Maintenant, comme, pour des raisons exposées précédemment, il peut croître, sur un espace donné, un plus grand nombre de plantes d'un mélange de graines que si chaque espèce avait été semée isolément sur le même espace, il s'ensuit que, pour chacune de ces plantes fourragères, il faut, quand il s'agit d'un *mélange*, prendre une quantité de semence relativement plus forte que pour le *semis pur*. Pour la fixation rationnelle de ce supplément, il importe de considérer les choses aux points de vue suivants :

1° Plus le mélange est *complexe*, c'est-à-dire composé d'un grand nombre d'espèces, plus il faut renforcer la quantité de chacune d'elles. S'il ne consiste qu'en deux espèces presque identiques, un supplément n'est pas nécessaire ; mais plus le mélange contient d'espèces et plus en est différente la végétation, plus grand doit être aussi le supplément, parce qu'en ce cas il peut se développer plus de plantes sur un même espace.

2° Plus est médiocre la *nature du sol,* plus grand doit être le supplément. Il faut le renforcer d'autant plus que le sol est plus différent de ce qu'on entend par « sol normal ou moyen » : pour une terre froide et pesante, ainsi que pour celle qui est légère, il faut plus de supplément que pour une terre chaude et de compacité moyenne.

3° Le taux du supplément se règle en outre sur *l'état d'engrais* du sol : cette addition peut être moindre sur un sol bien fumé que sur une terre maigre, parce qu'ici le tallage des plantes est moins fort.

4° Le supplément doit aussi être en raison de la *préparation du sol.* Sur une terre travaillée grossièrement, il se perd plus de graines que sur celle qui l'est finement ; par conséquent, la première en exige une quantité plus forte.

Un champ insuffisamment préparé est moins bien doté d'une quantité de cent kilos que ne l'est avec cinquante une surface égale qui a été bien préparée.

5° Pour une *semaille tardive* au printemps, et surtout en automne, le supplément doit aussi être plus fort que là ou l'on a semé en temps dû, parce que dans le premier cas la température défavorable fait périr les plantules en plus grande proportion.

6° Pour le supplément l'on tient compte aussi de *l'exposition du champ* : au soleil, il peut être plus faible que dans les situations froides et élevées.

7° Dans les contrées qui reçoivent peu de *pluie* ainsi que

dans celles à basse température d'été, il doit être plus fort que dans les régions chaudes et favorablement arrosées d'eau pluviale.

8° Quoique la faculté germinative ait été prise en considération tout d'abord, il faut noter toutefois que, pour l'emploi d'une semence *vieille*, *légère* et généralement *d'une médiocre faculté germinative*, il faut un supplément plus fort que quand il s'agit de graines bien constituées, lourdes, pleines, et de germination régulière ; car celles qui sont vieilles, légères et à germination indécise fournissent d'ordinaire des plantules débiles, souvent maladives, dont l'existence est délicate et succombe au moindre danger. Cependant celles-ci, comme les meilleures, comptent parmi les graines capables de germer. Combien sont plus vigoureuses au contraire, les plantules produites par une semence saine, fraîche, pleine et pesante, combien mieux en état de résister aux influences qui les menacent du dehors et plus propres à devenir bien tôt des plantes robustes ! C'est pourquoi donnons toujours la préférence à la bonne marchandise, même quand à poids égal, la semence pure et capable de germer est plus chère que celle de moindre qualité.

Dans le tableau I, le supplément, nommé là *addition*, est compté de 10 en 10 jusqu'à 70 0/0 ; pour les mélanges les plus fréquemment employés et dans les circonstances ordinaires, il suffit de 30 à 50 0/0, et ce n'est que dans des conditions défavorables qu'on va jusqu'à 60 à 70 0/0. Une addition plus forte est rarement nécessaire ou elle est inutile : quand un supplément de 50 0/0 est insuffisant, celui même de 100 0/0 le serait aussi, et alors le semis le plus copieux est fort compromis.

Nous venons d'exposer les principes qui doivent présider à la composition des mélanges de graines fourragères, et nous allons maintenant, pour mieux élucider la question, composer un tel mélange. Supposons qu'il s'agisse de faire un pré de graminées et de trèfles sur une bonne terre de limon, profonde, humeuse et fertile. Il nous faudra procéder de la manière suivante :

1° D'abord, choix des plantes appropriées au sol, au mode d'exploitation, etc., (col. II).

2° Fixation de la proportion dans laquelle on veut que chaque plante soit représentée sur le pré. En cela, naturellement, il faudra tenir plus de compte des espèces qui réussissent le mieux sur ce sol que de celles qui y viennent moins bien. L'étude de la flore du pays pourra nous fournir en cela de bonnes indications, mais nous ne devons y avoir égard qu'en tant qu'elles s'accordent avec l'utilité pratique que nous avons en vue (col. III). Il est clair que le total de ces proportions doit être de 100.

3° Détermination du supplément à appliquer à chaque espèce, en se guidant d'après les principes exposés p. 89-91. Dans notre exemple, nous en portons pour toutes le montant à 10 0/0 ; mais il y a sans doute bien des cas où un supplément égal pour toutes les espèces ne serait pas de mise. Quand la graine de l'une d'elles, par exemple, est de qualité médiocre, il sera bon d'ajouter davantage, bien qu'il ait été tenu compte déjà du tant pour cent de la pureté et de la faculté germinative.

Ce qui reste à faire se comprend de soi. Dans ce mélange de trèfles et de graminées, il entre 40 0/0 de trèfle rouge ; la quantité absolue de semence est par hectare, et avec 10 0/0 d'addition (tabl., **I**, col. VIII) de 1936 pour-cents de kilo, de sorte que, dans ce mélange, la proportion du trèfle rouge sera de $\dfrac{1936 \times 40}{100} = 774$ pour-cents de kilo. Et si notre semence contient 88 0/0 de graines pures et capables de germer, ce qui est le taux de la moyenne indiquée au tableau, il nous en faudra 774 : 88 = 8 k. 795 grammes, ou, en nombre rond, 8 kil. 800 grammes.

Exemple de composition et de calcul d'un mélange :

TABLEAU II   **Trèfles et graminés**

(d'un à deux ans de durée)

NUMÉROS	II ESPÈCES DE GRAINES	III LE MÉLANGE consiste en p. 100	IV ADDITION p. 100	DOIVENT ENTRER dans le mélange par hectare	
				V en pour-cents de kilo.	VI en kilog.
1	Trèfle rouge....................	40	10	774	8,795
2	Trèfle hybride..................	30	10	337	4,956
3	Ray-grass d'Italie..............	10	10	369	5,507
4	Fromental......................	10	10	405	8,804
5	Timothy........................	10	10	287	3,299
	Total.....	100			31,361

En nombres ronds :		par hectare
Trèfle rouge .... kilog.		8,8
Trèfle hybride		5,0
Ray-grass d'Italie......................................		5,5
Fromental.		8,8
Timothy...		3,3
Ensemble.....		31,4

Si nos semences sont de qualité moyenne, c'est-à-dire si elles possèdent approximativement la pureté et la faculté germinatives indiquées dans les colonnes IV et V du tableau I, l'on peut faire le calcul des mélanges en prenant directement pour base les quantités de semence exprimées en kilos. A cet effet, le tableau III présente ces valeurs, avec des additions de 10 à 70 0/0.

Supposons qu'il s'agisse de faire un mélange composé de 20 0/0 de trèfle rouge, de 13 0/0 de trèfle blanc, de 10 0/0 de fromental, de 20 0/0 de dactyle, de 5 0/0 de ray-grass d'Italie, de 10 0/0 de ray-grass anglais, de 10 0/0 de timothy, de 7 0/0 de fétuque des prés et de 5 0/0 d'avoine jaunâtre, avec une addition de 40 0/0, le calcul se fera simplement de la manière suivante :

Quantité nécesssaire
par hectare.

20 0/0 Trèfle rouge :	$\dfrac{20 \times 28}{600} =$	5 kil. 600 gr.
13 0/0 Trèfle blanc :	$\dfrac{13 \times 21}{100} =$	2 730
10 0/0 Fromental :	$\dfrac{10 \times 112}{100} =$	11 200
20 0/0 Dactyle :	$\dfrac{20 \times 58}{100} =$	11 600
5 0/0 Ray-grass ital. :	$\dfrac{5 \times 70}{100} =$	3 500
10 0/0 — anglais :	$\dfrac{10 \times 84}{100} =$	8 400
10 0/0 Timothy :	$\dfrac{10 \times 42}{100} =$	4 200
7 0/0 Fétuque des prés :	$\dfrac{7 \times 84}{100} =$	5 880
5 0/0 Avoine jaunâtre :	$\dfrac{5 \times 46,2}{100} =$	2 310
100 0/0		56 kil. 320 gr.

Dans les cas où la pureté et la faculté germinative ne concordent pas avec la qualité moyenne, il faut prendre comme base du calcul les pour-cents de kilo

TABLEAU III   **Quantité de semences par hectare**

| I | II | III | QUANTITÉ DE SEMENCE EN KILOS AVEC ADDITION DE | | | | | | |
NUMÉROS	ESPÈCES DE GRAINES	QUANTITÉ normale de semence en kil s	IV 10 p. 100	V 20 p. 100	VI 30 p. 100	VII 40 p. 100	VIII 50 p. 100	IX 60 p. 100	X 70 p. 100
1	Sainfoin	176	193,6	211,2	228,8	246,4	264,0	281,6	299,2
2	Trèfle rouge	20	22,0	24,0	26,0	28,0	30,0	32,0	34,0
3	Luzerne	30	33,0	36,0	39,0	42,0	45,0	48,0	51,0
4	Trèfle blanc	15	16,5	18,0	19,5	21,0	22,5	24,0	25,5
5	Trèfle hybride	15	16,5	18,0	19,5	21,0	22,5	24,0	25,5
6	Lupuline	21	23,1	25,2	127,3	29,4	31,5	33,6	35,7
7	Lotier corniculé	13	14,3	15,6	16,9	18,2	19,5	20,8	22,1
8	Fromental	80	88,0	96,0	104,0	112,0	120,0	128,0	136,0
9	Ray-grass anglais	60	66,0	72,0	78,0	84,0	90,0	96,0	102,0
10	Ray-grass d'Italie	50	55,0	60,0	65,0	70,0	75,0	80,0	85,0
11	Fétuque des prés	60	66,0	72,0	78,0	84,0	90,0	96,0	102,0
12	Dactyle pelotonné	42	46,2	50,4	54,6	58,8	63,0	67,2	71,4
13	Vulpin des prés	24	26,4	28,8	31,2	33,6	36,0	38,4	40,8
14	Flouve odorante	34	37,4	40,8	44,2	47,6	51,0	54,4	57,8
15	Houlque laineuse	25	27,5	30,0	32,5	35,0	37,5	40,0	42,5
16	Fétuque durette	33	36,8	39,6	42,9	46,2	49,5	52,8	56,1
17	Timothy	30	33,0	36,0	39,0	42,0	45,0	48,0	51,0
18	Avoine jaunâtre	33	36,8	39,6	42,9	46,2	49,5	52,8	56,1
19	Crételle des prés	30	33,0	36,0	39,0	42,0	45,0	48,0	51,0
20	Pâturin des prés	22	24,2	26,1	28,6	30,8	33,0	35,2	37,4
21	Fiorin	12	13,2	14,4	15,6	16,8	18,0	19,2	20,4

CHAPITRE VII

Choix des plantes.

Pour composer un mélange dont le rendement soit le plus
fort possible, il importe avant tout de déterminer les plantes
le mieux appropriées au terrain qu'il s'agit de mettre en
prairie. Il y en a qui ne prospèrent que dans un sol soit
léger, soit compact ; d'autres qui en veulent un soit sec, soit
frais ; et elles sont diverses encore par leur durée plus ou
moins longue. Toutes ces circonstances doivent être prises
en sérieuse considération. C'est pourquoi la composition des
mélanges de semences fourragères doit être fondée sur une
exacte connaissance des plantes qu'on y fait entrer. Par
conséquent, il nous faut commencer ici par une étude suc-
cincte des principales espèces employées à cet effet.

A ceux qui désirent acquérir une connaissance plus
étendue des plantes en question nous recommandons l'ouvrage suivant : *Les meilleures plantes fourragères*, descrip-
tions et figures, avec notices détaillées sur leur culture et
leur valeur économique, ainsi que sur la récolte des semences,
leurs impuretés et falsifications : ouvrage publié au nom du
Département fédéral du commerce et de l'agriculture par le
docteur F.-G. STEBLER, directeur de la Station fédérale de
contrôle des semences et le docteur C. SHRŒTER, professeur de botanique à l'École polytechnique de Zurich ; tra-

duit en français par le professeur Henri Welter, vice-président de la Société d'horticulture de Genève. Tomes 1er et 2e, in-4°, avec quinze planches chromolithographiées et de nombreuses gravures sur bois. Berne, 1883 et 1884 ; chez K. J. Wyss.

Les plantes fourragères cultivées jusqu'à présent soit pour être fanées, soit pour servir de pâturage et dont nous nous occuperons ci-après, appartiennent à deux familles bien distinctes, savoir : à la famille des *Graminées* et celle des *Légumineuses* ou Papilionacées. La dernière ne comprend pas seulement les trèfles, mais aussi la luzerne, le sainfoin, etc.

A. — GRAMINÉES[1]

Les graminées appartiennent au Monocotylédones ou plantes à embryon avec un seul cotylédon. Leur tige est ordinairement creuse, ayant des nœuds d'où partent les feuilles, qui sont le plus souvent linéaires et longues. Les entrenœuds varient de quelques millimètres à plusieurs décimètres. Courts au bas de la tige, ils deviennent plus longs vers le haut. A chaque nœud est insérée une feuille. La partie inférieure de la feuille entoure le chaume comme d'un étui et s'appelle, à cause de cela, *gaîne*, tandis que la partie supérieure, le *limbe*, est parfaitement libre. A l'insertion de la gaîne au limbe, qui compose la feuille proprement dite, se trouve un prolongement membraneux transparent, nommé *ligule*, ayant

1. Aux personnes qui désirent se procurer les graines désignées plus loin, dans de bonnes conditions de prix et de valeur culturale p. 100, je recommande spécialement la maison C. Denaiffe, à Carignan (Ardennes), bien connue partout par la supériorité de ses semences.

différentes formes et structures, suivant les espèces. Les jets
de graminées sortent toujours de l'intérieur de la gaîne, des
nœuds de la base de chaque chaume, rarement des nœuds
supérieurs. La formation de ces jets s'appelle le *tallage*.

Quelques graminées ont un tallage plus fort que d'autres,
comme c'est le cas des céréales, qui appartiennent, comme
on sait, à la famille des graminées. La force du tallage
dépend de la fertilité du sol, de la température et d'autres
circonstances. En vertu de cette faculté qu'ont les plantes
de taller, un seul grain peut produire un grand nombre de
tiges. Les jets se forment à l'intérieur de la gaîne, soit en
poussant droit en haut, soit en perçant celle-ci et en se
développant en dehors perpendiculairement ou en stolons,
c'est-à-dire en rampant sous le sol ou à sa surface.

Ces différents caractères sont d'une grande importance au
point de vue de la valeur agricole des graminées. Ainsi, par
exemple, le pâturin des prés pousse de longs stolons souter-
rains tandis que le pâturin commun les a sur terre ; et
d'autres espèces, entr'autres le vulpin des prés, ne font que
des stolons courts, tandis que la plupart des graminées
importantes ne produisent que des jets droits. Si l'on
n'emploie à la création des prairies artificielles que des
graminées dont les tiges poussent en touffes hautes, on
n'obtient pas un gazon consistant et serré ; ces plantes laisent
entre elles des vides. En outre, il se forme souvent un
gazon à touffes élevées, comme c'est le cas pour la houlque
laineuse, le ray-grass d'Italie et pour le fromental. Pour avoir
un pré bien constitué, à gazon serré, il faut ajouter aux graminées à touffes compactes des plantes stolonifères et,
entr'autres, de petites légumineuses qni donneront de la
valeur au fourrage en éloignant la renoncule rampante, le
lierre terrestre, la véronique à feuille de lierre, etc.

Nous avons dit plus haut que la tige droite des graminées ne pousse des jets qu'à sa base. Cela ne se rapporte pas à l'inflorescence du sommet de la tige, car beaucoup de graminées ont une ramification à leur sommet, portant des épillets, les fleurs et les semences. Les graminées dont les épillets se trouvent directement sur l'axe principal se nomment des graminées à *épis*; si les épillets sont portés au moyen de pédoncules sur les rameaux du chaume, les graminées sont dites *paniculées*. Parmi ces dernières se trouvent toutes les graminées fourragères, à l'exception des ray-grass anglais et italien, qui appartiennent comme le froment, le seigle, etc., aux graminées à épis. Si les rameaux de la panicule sont très courts et très rapprochés, celle-ci ressemble à première vue à un épi et s'appelle à cause de cela *faux-épi* (fléole, vulpin des prés, crételle et flouve odorante).

La fleur des graminées est toujours étroitement enfermée entre les glumelles et les glumes, chez la plupart des espèces s'ouvrant au temps de la floraison.

On désigne cette inflorescence sous le nom d'*épillet*. Le nombre des fleurs d'un épillet est très variable. Au centre de la fleur se trouve l'ovaire, qui porte à son sommet deux stigmates garnis de papilles. En dehors, sur l'ovaire, sont les étamines, au nombre de trois (excepté pour la flouve odorante, qui n'en a que deux). Celles-ci sont entourées de deux glumelles souvent aristées. Le tout est enfermée dans deux glumes. Fréquemment, les glumes enferment deux et même plusieurs fleurs avec glumelles.

La graine des graminées se trouve, dans le commerce, ordinairement enveloppée des glumelles, et quelquefois même elle est, de plus, renfermée dans les glumes (houlque laineuse, flouve odorante, vulpin des prés). Ce n'est qu'exceptionnellement qu'on rencontre dans le commerce de la semence dépouillée des glumelles (le dactyle pelotonné, tout à fait sec, est dans cas); cependant, il peut se trouver dans chaque marchandise quelques grains nus. Les graminées ayant des épillets multiflores (le ray-grass anglais, le fromental, le dactyle, les fétuques, pâturins, bromes, etc.), conservent à la base de la glumelle intérieure du fruit mûr, un tronçon de l'axe de l'épillet nommé *pédicelle*. Le fruit enveloppé des glumelles est mûr. Par une trop grande maturité, le fruit devient corné, tandis, à l'état frais, la graine verte est laiteuse à l'intérieur. Les graines mal mûres, séchées avec soin, peuvent encore germer, mais ne produisent guère que des plantes faibles et maladives. Ces graines sont petites, ratatinées, et perdent bientôt leur faculté germinative, tandis qu'une semence parfaitement mûre, grosse et pleine, conserve cette propriété plus longtemps.

Les principales graminées fourragères, dont les différentes espèces ont une valeur plus ou moins grande pour l'agriculture, sont les suivantes :

1[1]. LE FROMENTAL ou *avoine élevee* (*Avena elatior*, L.). — Le fromental, ray-grass français ou avoine élevée des prés, est la plus grande de nos graminées fourragères. Il peut fournir un fort rendement s'il est cultivé dans une terre qui lui convienne. Il est peu vivace, mais sa graine mûrit assez tôt et se ressème, de sorte qu'il ne disparaît jamais entièrement des prairies naturelles. Il prospère dans tous les sols, même les plus ingrats. Il supporte assez bien la sécheresse, puisqu'on le cultive beaucoup dans la France méridionale.

Le fromental est une graminée à panicule semblable à celle

---

1. Pour connaître la pureté p. 100, faculté germinative p. 100, valeur culturale (valeur utile) p. 100, des différentes graines citées dans ce livre ; consulter le catalogue général de la maison C. Denaiffe à Carignan.

de l'avoine cultivée, avec des tiges lisses et vides, de 1 mètre à
1^{m}50^c de hauteur. Il fleurit déjà au commencement de juin et

Fig. 1. — Avoine élevée ou Fromental.
(Avena eliator).

se durcit assez vite ; c'est pourquoi l'on devrait le faucher avant
la floraison. Il forme un gazon élargi et peu dense par suite

de son faible tallage, en sorte qu'il ne doit pas être semé
seul. Il se développe très vite et donne dès la première
année un produit considérable ; la deuxième année, le produit
diminue sensiblement et les plantes commencent à disparaître. Le fromental est donc à sa place dans les prairies
temporaires de courte durée. Quelquefois on pourrait le
supprimer dans les mélanges pour prairies permanentes.

La graine du commerce provient en majeure partie du
Dauphiné ; elle est, comme celle du dactyle, le plus souvent
très impure, ainsi que le démontrent les données que nous
allons présenter.

Les deux cent soixante-sept échantillons que la station
fédérale d'essais de semences a analysés de 1881 à 1884
contenaient en moyenne :

1. Fromental pur	64,6	0/0	
2. Dactyle pelotonné	7,1	»	74,3 0/0 de
3. Fétuque des prés	1,8	»	bonnes
4. Avoine jaunâtre et pâturins	0,8	»	graines.
5. Brome dressé moins brome doux	13,1	»	
6. Houlque laineuse, lupuline, etc	0,9	»	
7. Graines de mauvaises herbes	0,9	»	
8. Déchet et balles	10,8	»	
	100,0	0/0	

Il y a dans le commerce du fromental qui ne contient que
de 10 à 30 0/0 de graines pures et, par contre, de 20 à
50 0/0 de bromes et jusqu'à 20 0/0 de balles.

Une variété de fromental, qui appartient aux mauvaises
herbes nuisibles, est l'*avoine bulbeuse* ou chiendent à chapelet ; les entrenœuds inférieurs de sa tige sont très courts (1 à
2 centimètres) et renflés en petits bulbes qui, au nombre
de deux à quatre forment comme un chapelet. La plante
ne se distingue du fromental qu'en ce qu'elle reste plus
petite et ne repousse pas aussi vite.

2. Le DACTYLE PELOTONNÉ (*Dactylis glomerata*, L.). — Le dactyle pelotonné ou aggloméré, est une graminée fourra-

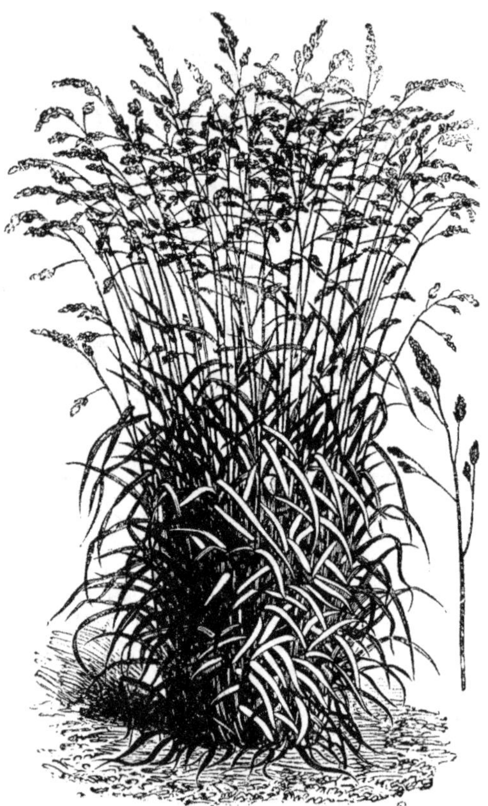

Fig. 2. — Dactyle pelotonné
(Dactyle glomerata)

gère des plus précieuses, malgré son apparence ligneuse. Son fort rendement et sa faculté de repousser sans diminuer de vigueur en font un fourrage des plus rustiques.

Le dactyle est une graminée à panicule, mais les épillets

nombreux sont rapprochés ou agglomérés en fascicules compactes : d'où lui vient son nom. Les feuilles sont longues,
larges, consistantes et nombreuses. A la deuxième coupe.
les jets de feuilles stériles atteignent souvent une longueur
d'un mètre, ce qui ajoute la quantité à la qualité. C'est dans
la seconde ou la troisième année que le dactyle fournit son
plus fort produit, car il se développe assez lentement. Très
vigoureux dès sa base, il donne avec le temps des touffes
compactes et très saillantes ; aussi n'est-il pas propre à être
employé seul. Il ne convient qu'en mélange avec d'autres
graminées et légumineuses, tant pour prairies permanentes
que pour prairies temporaires, si toutefois on veut utiliser
ces dernières pendant au moins trois ans.

La graine qui se trouve dans le commerce provient
quelquefois de l'Australie, mais le plus souvent du
Dauphiné. Celle d'Australie est ordinairement plus pure et
a une faculté germinative supérieure. La graine de dactyle
du Dauphiné contient toujours une quantité assez considérable de semences étrangères, qui toutefois ont aussi une
certaine valeur pour l'agriculture, comme cela ressort des
données suivantes :

Les cent quatre-vingt-neuf échantillons de semence de
dactyle du Dauphiné qui ont été analysés par la station
fédérale d'essais de semences pendant les années 1881
à 1884 ont présenté en moyenne la composition que voici :

Graines pures......................	64,6 0/0	
Fétuque des prés................	13,2 »	82,9 0/0 de
Avoine jaunâtre et pâturins.........	3,2 »	bonnes
Fromental......................	1,9 »	graines.
Bromes.........................	2,2 »	
Houlque laineuse, lupuline.......	0,9 »	
Graines de mauvaises herbes	2,8 »	
Balles, déchet..................	11,2 »	

3. Lé ray-grass anglais (*Lolium perenne*, L.). — Le ray-grass anglais est une herbe fourragère excellente à cultiver dans des sols argileux ; les sols légers lui conviennent moins et il ne s'accommode pas du tout d'un terrain sablon-

Fig. 3. — **Ray-grass anglais**
(Lolium perenne).

neux, sec et brûlant. La graine en est à bon marché et en général de bonne qualité ; de sorte que son emploi occasionne peu de frais. Il se développe relativement assez vite, mais il n'est pas durable. C'est pendant la seconde année qu'il donne son plus fort rendement; après il s'amoindrit. Il supporte assez bien un climat rigoureux. Employé seul, il ne sert guère qu'à la formation des pelouses et des gazons; comme plante fourragère, on ne le cultive que dans les mélanges.

Le ray-grass anglais est une graminée à épis. Chaque épillet contient de huit à dix fleurs et peut, par conséquent, produire autant de graines. Comme une plante porte de dix à vingt-cinq de ces épillets, elle peut fournir de quatre-vingts à deux cent cinquante graines. La végétation se fait en touffes serrées; les tiges, genouillées à la base, ne poussent des jets de chaumes et de feuilles ascendantes qu'au deuxième ou troisième nœud, de sorte que la touffe totale est composée de touffes partielles. C'est pour cela que le ray-grass anglais est estimé pour l'établissement de pelouses. Les tiges lisses sont hautes de trente à soixante centimètres; les feuilles sont longues, effilées, d'un vert foncé, et pliées dans leur jeunesse.

4. LE RAY-GRASS D'ITALIE (*Lolium italicum*, A. Br.). — Le ray-grass d'Italie est de toutes les bonnes graminées celle qui fournit les produits les plus abondants par une culture intensive. Il n'est pas de graminée qui se développe aussi vite après la semaille et qui continue ensuite à végéter aussi fort que celle-ci. C'est surtout celui de la Lombardie qui se distingue par un développement extrêmement rapide. Celui qui provient d'Écosse se développe plus lentement. C'est dans un sol frais et chaud que le ray-grass d'Italie réussit le mieux; il ne prospère pas sur un sol humide et froid. Il est plus sensible que d'autres graminées aux hivers rigoureux; dans les terres légères et exposées aux intempéries, il est sujet à se déchausser, mais c'est là un inconvénient auquel on peut remédier par un bon roulage en automne et au printemps.

Le ray-grass d'Italie est, comme le précédent, une gra-

minée à épis et se distingue de celui-ci par la glumelle inférieure (qui est munie d'une arête) et par la glume qui sou-
tient l'épillet (la glume n'ayant pas la moitié de la grandeur

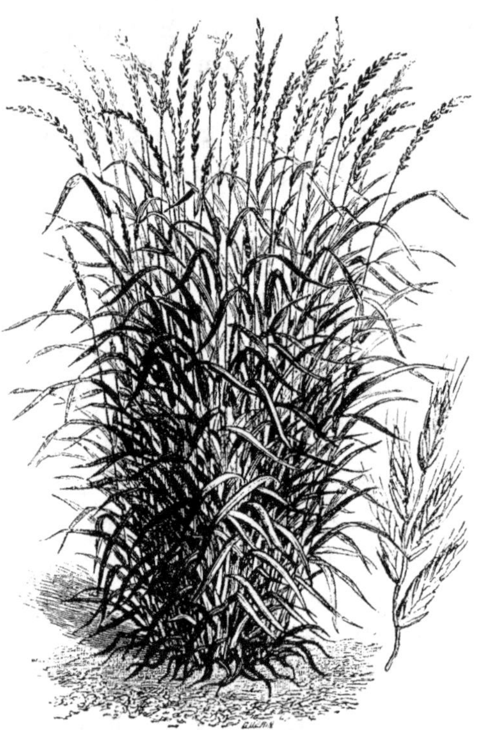

Fig. 4. — Ray grass d'Italie.
(Lolium Italicum).

de l'épillet entier), puis par des feuilles plus larges, d'un vert
clair, luisantes dessous, et enroulées dans leur jeunesse. Il
forme facilement des touffes élevées, en émettant beaucoup
de pousses latérales aux nœuds inférieurs. Les tiges atteignent une hauteur de 40 à 90 centimètres. L'épi porte

de dix à vingt-cinq épillets, ayant chacun de trois à vingt fleurs.

Il existe dans le commerce une variété très vigoureuse de ray-grass d'Italie (*Lolium multiflorum*, Gand.) mais qui, étant annuelle, n'est cultivée que rarement. Le ray-grass d'Italie ordinaire est peu durable ; comme il se propage par la dispersion de ses graines et par le purin, on le trouve aussi dans les anciennes prairies. Il donne ses plus forts produits dans les deux premières années ; après, il s'épuise vite, ce qui fait qu'on le considère quelquefois comme bisannuel.

5. LA FLÉOLE DES PRÈS OU TIMOTHY (*Phleum pratense*, L.). — Le Timothy est aujourd'hui la graminée la plus cultivée aux États-Unis. C'est aussi pour nous une herbe très précieuse, qui prospère surtout dans les terres lourdes, froides et humides, même marécageuses. La tige du timothy atteint une hauteur d'un mètre et plus dans les bons terrains. L'inflorescence forme un faux épi de 4 à 6 centimètres de longueur, atteignant même jusqu'à 25 centimètres dans les terres grasses. La base de la tige est généralement épaissie en bulbe. La plante gazonne en petites touffes unies et assez denses ; elle se développe passablement vite et peut donner un produit dès la première année. La troisième année, son rendement diminue et elle disparaît graduellement. Par ce fait, la fléole des prés convient plutôt aux prairies temporaires de courte durée. Souvent on la cultive dans une terre forte, mélangée au trèfle rouge, et pour une durée de deux à trois ans. Il y a tout avantage à employer ces plantes en mélange plutôt que de les semer séparément. La quantité à employer par hectare est de quatre à cinq kilos de timothy et de vingt kilos de trèfle.

Si le dactyle et le fromental comptent parmi les graminées hâtives, la fléole des prés appartient aux tardives. Au

Fig. 5. — Fléole des prés (Timothy)
(Phleum pratense).

temps de la fenaison, quand les premières fleurissent, l'inflorescence de la fléole des prés est encore enfermée dans les gaînes de la feuille. Ce n'est qu'à la fin de juin que sortent les faux-épis, puis l'herbe devient aussitôt dure,

en sorte que le timothy doit être fauché avant la fleur.
Coupé jeune, le timothy fournit un foin excellent et plus
lourd que celui de toute autre graminée. La graine qu'on
trouve dans le commerce provient en majeure partie de
l'Amérique du Nord et de l'Ardenne (France et Belgique). Le
prix n'en est pas élevé.

Les cinq graminées que nous venons de décrire, le fromental, le dactyle aggloméré, le ray-grass anglais, le ray-
grass d'Italie et la fléole (timothy), sont les plus importantes
pour la création de prairies temporaires et de courte durée.
On peut les désigner avec raison comme graminées principales. Mais, comme il n'y a qu'une d'elles qui soit
vivace, le *dactyle*, nous ne pouvons pas avec ces seules
espèces créer des prairies pouvant durer plus de trois ans,
sans y ajouter d'autres graminées, dont la description
abrégée suit.

6. LA FÉTUQUE DES PRÉS (*Festuca pratensis*, Huds.). —
La fétuque des prés est une graminée vivace, d'un fort rapport, bien appropriée aux terrains frais, aussi bien de la
plaine que la montagne. C'est une des hautes herbes les plus
communes de nos prairies. Les tiges ont de 0^m50 à 1 mètre
de hauteur ; l'inflorescence est en panicule rameuse. Les
feuilles sont longues et assez larges, finement striées. La
fétuque se développe vite et donne, déjà la première année,
un bon rapport. Au printemps, elle commence à végéter de
bonne heure et croît promptement, de sorte que, si la terre
est bonne, on peut en faire trois coupes dans la même année.
Elle n'est cultivée qu'en mélange. Jusqu'à ces dernières
années, la semence provenait principalement de l'Europe

septentrionale ; actuellement, il en vient d'Amérique, mais celle-ci est moins recommandable, parce qu'elle donne des plantes se développant tard et fort sujettes à la rouille.

Fig. 6. — **Fétuque des prés**
(Fetusca pratensis).

Une expérience faite avec la graine des deux provenances a donné le rendement suivant par are : fétuque des prés d'Europe, quatre-vingts kilos ; fétuque des prés d'Amérique, quarante-six kilos.

Avant de passer à une autre espèce je signalerai la

Fétuque élevée (*Fetusca elator* Sm. ou *F. arundinacea,* Schreb.), qui est quelquefois employée pour les semis en terrains humides et frais.

7. LE PATURIN DES PRÉS. (*Poa pratensis,* L.). — Le pâturin des prés est la graminée qui se rencontre le plus

Fig. 7. — Paturin des prés
(Poa pratensis).

fréquemment dans les riches *prairies* de l'Amérique du Nord. Il convient surtout aux sols profonds et perméables; il croît aussi dans les terrains argileux, mais y prospère moins.

Il forme, par sa végétation rampante, un gazon très dense ; mais comme c'est une herbe courte, il n'a de valeur agricole que pour les mélanges. Il donne à la première coupe un grand nombre de chaumes, hauts de cinquante centimètres environ, à panicule fine, étalée et rameuse. A la deuxième coupe, il n'offre que des jets stériles, assez longs, mais qui ne donnent, en comparaison avec ceux de la première coupe, qu'un faible rendement. C'est dans la troisième année seulement qu'il atteint son entier développement. La semence du commerce provient en grande partie d'Améri-

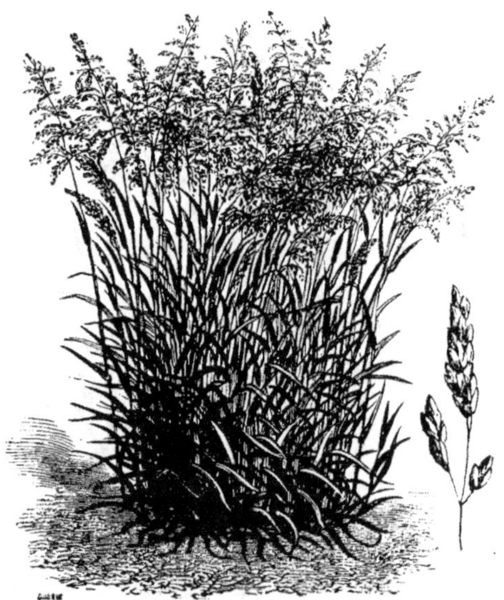

Fig. 8. — Paturin commun.
(Poa trivallis).

que ; elle est, toutes proportions gardées, assez bon marché et de bonne qualité.

8. LE PATURIN COMMUN (*Poa trivialis*, L.). — Le pâturin commun, dont la semence se trouve dans le commerce depuis ces derniers temps, n'est bon que pour les prairies irriguées et les pâturages. En semis pur, la quantité de semence est de **22** kilos, par hectare, comme pour le pâturin des prés. Une semence de bonne qualité doit présenter 80 0/0 de pureté et 55 0/0 de faculté germinative.

9. LA CRÉTELLE DES PRÉS (*Cynosurus cristatus*, L.). — Bien que la crételle ne soit qu'une petite graminée, elle doit être recommandée pour l'établissement de prairies de lon-

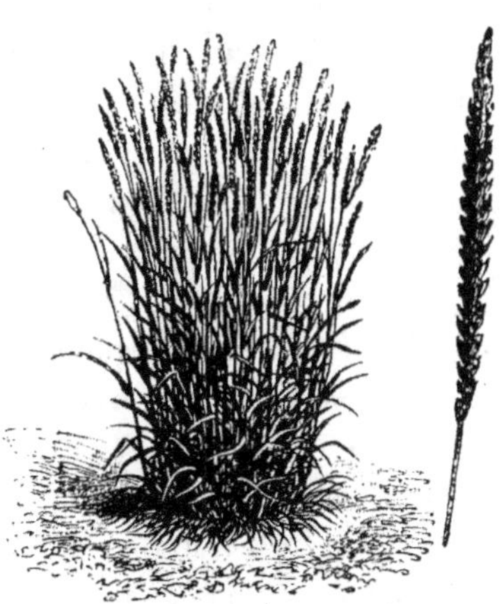

Fig. 9. — Crételle des prés.
(Cynosurus cristatus).

gue durée. C'est une herbe fine, qui talle beaucoup et qui, par conséquent, comble les vides, en augmentant ainsi notablement le produit. Les hautes herbes les plus serrées ne l'étouffent pas, comme il résulte de l'expérience suivante:

Le 5 avril 1881, nous avons semé dans une terre forte, assez argileuse, un mélange de 8 graminées différentes. Les grandes herbes étaient si serrées pendant les deux premières années que nous croyions les petites plantes entièrement étouffées, d'autant plus que ce pré avait été arrosé à plusieurs reprises avec du purin. Néanmoins la crételle a bien prospéré. L'analyse botanique exacte prouvait même que 30,1 0/0 du gazon consistait en crételle, avec 2,288 tiges par mètre carré, tandis que la plupart des graminées principales avaient disparu. D'autres analyses de prairies artificielles ont donné les mêmes résultats. Il ne faut donc pas se hâter de porter un jugement défavorable sur la crételle dans les premières années. Elle réussit presque partout et supporte tous les climats et toutes les températures. Nous en voyons la preuve en ce qu'elle végète jusqu'à 1,500 mètres d'altitude et qu'elle est indigène dans toute l'Europe. Elle pousse un petit nombre de chaumes hauts de 30 à 60 centimètres, ayant à leur sommet un faux-épi étroit, long de 5 à 10 centimètres et de la forme d'un peigne. Elle se développe lentement. Dans les deux premières années, le produit en est faible ; ce n'est qu'à partir de la troisième année que la plante donne son plus fort rendement. Le prix de la semence est le plus grand obstacle à l'extension de son emploi. Les bonnes qualités contiennent facilement 90 0/0 de graines pures avec de 80 à 90 0/0 de faculté germinative.

10. LE VULPIN DES PRÉS (*Alopecurus pratensis*, L.). — Le vulpin des prés est une précieuse graminée dans les terrains argileux et humides. C'est surtout dans les endroits froids et élevés qu'il donne d'excellents résultats. Il supporte un climat rigoureux, mieux que n'importe quelle autre graminée. Il est vivace et fournit un riche produit de foin et de regain. Après la flouve odorante, c'est peut-être la plus précoce des graminées ; il épie déjà à la fin d'avril, c'est-à-dire de deux à quatre semaines plus tôt que le fromental. Le vulpin des prés a de longues feuilles succulentes, qui donnent un excellent fourrage. Malgré sa croissance assez rapide dans l'année de

la semaille, ce n'est que dans la troisième année que la
plante acquiert son entier développement. Il forme un gazon
assez serré et pousse des stolons rampant sur un court espace.
Les tiges peuvent atteindre une hauteur d'un mètre. A leur

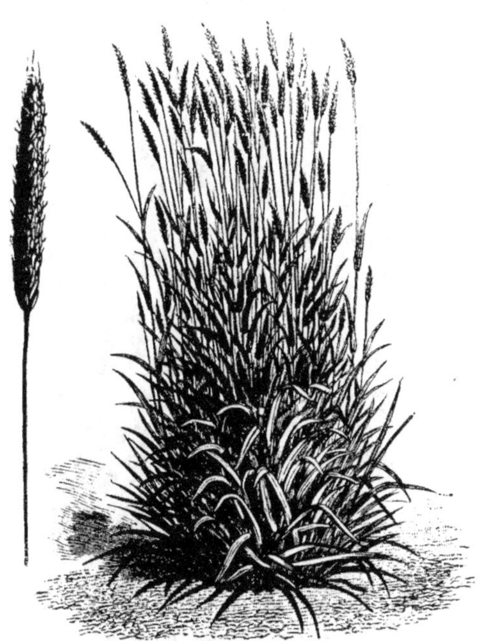

Fig. 10. - Vulpin des prés.
(Alopecurus pratensis)

sommet se trouve un faux-épi, assez semblable à celui de la
fléole des prés. Beaucoup de graines sont déjà mûres avant
la fenaison et se ressèment d'elles-mêmes. La semence offerte
par le commerce a été passablement améliorée ces dernières
années. Aujourd'hui on peut se procurer de la graine
ayant une pureté de 90 0/0 et une faculté germinative de

50 à 60 0/0. Il y a même des qualités qui renferment 98 0/0 de graines pures et qui ont une faculté germinative de 70 0/0.

11. L'AVOINE JAUNATRE (*Avena flavescens*, L.). — L'avoine

Fig. 11 — Avoine jaunâtre.
(Avena flavescens).

jaunâtre appartient aussi aux meilleures graminées vivaces ; elle réussit fort bien dans les terrains chauds et se distingue par sa facilité à repousser. Elle prospère dans les bonnes terres de la région montagneuse, ne supporte pas une grande humidité dans le sol, mais est assez résistante à la sécheresse. Les tiges sont bien feuillées et les jets stériles très nombreux, ce qui en fait un fourrage de bonne qualité.

Elle peut donner une récolte dès la première année. Malheureusement, la semence fournie par le commerce est rarement pure, parce qu'elle est extraite du dactyle du Dauphiné. Cependant on obtient, même avec cette graine, de très bons résultats. Autrefois, c'était chose commune que de voir offrir pour de l'avoine jaunâtre de la graine de canche flexueuse (*Aira flexuosa*, L.), graminée coriace et sans aucune valeur. C'est une falsification qui est facile à reconnaître. A l'Exposition universelle de Paris, en 1878, on a pu voir en plusieurs endroits la canche flexueuse figurer sous le nom d'*avoine dorée*. La semence véritable d'avoine jaunâtre n'est pas rare dans le commerce, mais le plus souvent elle est de médiocre qualité. *S'il y a lieu d'en trouver de la bonne à un prix convenable,* on peut recommander de la faire entrer dans les mélanges en assez forte proportion.

12. Fiorin (*Agrostis alba*, L.).—Il en existe deux variétés, le *fiorin rampant* (*Agrostis alba*, L. var. *stoionifera*, Koch) et le *fiorin américain* (*Agrostis alba*, L. var. *dispar.*), qui sont vivaces l'un et l'autre et ont de la valeur pour les terres lourdes et très humides. Mais le premier reste bas et ne convient que pour le pâturage, tandis que le second s'élève jusqu'à la hauteur de 80 centimètres et est d'un bon rendement dans un terrain favorable. La semence du commerce est généralement de la variété américaine.

13. Houlque laineuse (*Holcus lanatus*, L.). — La houlque laineuse, espèce vivace et de hauteur moyenne, ne doit pas être semée dans les bons terrains, car elle y prendrait le dessus, en formant de gros paquets de gazon et en étouffant les graminées meilleures et plus productives. D'ailleurs, peu à peu elle s'introduit spontanément en quantité suffisante. Elle peut avoir de l'utilité pour les terres sèches

Fig. 12. — **Houque laineuse**
(Holcus lanatus).

et pauvres ainsi que pour les marais, où de meilleures graminées ne croissent que difficilement.

14. LA FÉTUQUE ROUGE (*Festuca rubra*, L.). — La fétuque rouge, comme le fiorin, a deux variétés : la *gazon-*

nante (*Festuca rubra*, var. *fallax*, Hackel), et la *traçante* (*Festuca rubra*, var. *genuina*, Hackel). La semence
de la seconde n'existe pas encore dans le commerce,
tandis que celle de la première s'y trouve le plus souvent

Fig 13. — Fétuque rouge
(Fetusca rubra).

sous le faux nom de fétuque durette (*Festuca duriuscula*).
Cette désignation la fait confondre fréquemment avec une
grosse variété de la *fétuque ovine* (*Festuca ovina*, var.
duriuscula). La fétuque rouge gazonnante est une herbe
vivace qu'il est bon de semer dans des marais ou dans

des prés de montagne. Ce n'est pas une graminée des plus productives, car pour la seconde coupe elle ne donne que des feuilles et point de chaumes. Mais elle est à recommander pour les prairies où il ne se fait qu'une seule coupe, parce qu'elle rend beaucoup et n'exige que peu de soins. Elle croît même très bien dans les terrains secs et pauvres. Pour les semis purs, la quantité de la semence est de 35 kilos. Pour être bonne, elle doit présenter 75 0/0 de pureté et 65 0/0 de faculté germinative.

Fig. 14. — Fétuque ovine.
(Fetusca ovina).

15. La fétuque ovine (*Festuca ovina*, L.). — De cette espèce nous avons également plusieurs variétés, dont les plus remarquables sont la *commune* (*Festuca ovina*, var. *vulgaris*, Koch), celle *à feuilles étroites* (*Festuca ovina*, var. *capillata*, Lmk) et la *fetuque durette* (*Festuca ovina*, var. *duriuscula*, Koch). La deuxième sert à la formation de tapis de gazon ombragés, tandis que la première se cultive en grand dans les pâturages à moutons établis sur sol sablonneux. — Mentionnons encore, comme conve-

nant pour les positions ombragées, la *Fétuque hétérophylle*
(*Festuca heterophylla*, Lam.), à feuilles radicales enroulées-
sétaccés et à feuilles caulinaires planes.

16. LA FLOUVE ODORANTE (*Anthoxanthum odoratum*, L.).
— Cette espèce, malgré ce qu'elle a d'agréable par son

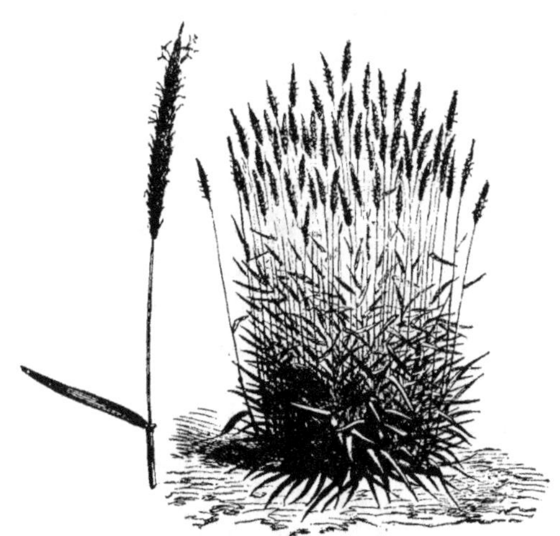

Fig. 16. — **Flouve odorante**
(Authoxantum odoratum).

parfum, ne mérite d'être semée que dans les terres sèches,
parce que dans les humides elle s'introduit spontanément en
quantité suffisante ; *ce n'est d'ailleurs qu'une herbe de peu
de valeur*, dont la semence véritable est rare dans le
commerce ou du moins très chère. Comme flouve odorante,
il se vend ordinairement une mauvaise herbe annuelle, la
flouve odorante de Puel (*Anthoxanthum Puelii* Lec et
Lam.) qui se rencontre à l'état sauvage dans les seigles du
Nord de l'Allemagne. La graine est recueillie quelquefois

dans les criblures de céréales pour être livrée au commerce. *Plante sans valeur.*

17. L'ALPISTE ROSEAU (*Phalaris arundinacea*, L.). — L'alpiste roseau convient particulièrement pour les terres humides, inondées de temps en temps, où il donne de bons rendements.

18. LA CANCHE GAZONNANTE (*Aira cœspitosa*, L.). — Cette espèce, à feuilles dures et coriaces, et à longues tiges pareilles à des fils de fer, forme des touffes très serrées et peut devenir par là une des pires mauvaises herbes d'une bonne prairie. A cause du bon marché de sa semence, elle constitue la partie principale des mélanges vendus tout faits par certains marchands grainiers, pour lesquels il s'agit avant tout de gagner le plus possible avec le moins de frais.

19. LA CANCHE FLEXUEUSE *(Aira flexuosa.* L.*)*. — Il est des marchands éhontés qui en vendent hardiment la semence, qui n'est d'aucune valeur, comme étant celle de l'avoine jaunâtre. Avant d'aller plus loin, je mentionnerai également la Canche élevée herbe de peu de valeur fourragère, mais pouvant être utilisée pour les tapis de gazon.

20. L'AVOINE PUBESCENTE OU AVERONE (*Avena pubescens*, Huds). — Herbe semblable au fromental, mais à feuilles beaucoup plus courtes, et fort inférieure à celui-là pour la quantité et la qualité du rendement. Sous ce nom on vend souvent dans le commerce certaines espèces nuisibles de brome.

21. LES BRACHYPODESS PENNÉS et DES BOIS (*Brachypodium*

pinnatum, P. B. et *sylvaticum*, Rœm. et Schult.) ne sont bons que pour les *prés-bois*, mais n'ont que peu de valeur fourragère.

22. LA BRIZE MOYENNE OU AMOURETTE (*Briza media*, L.)—Herbe vivace, à souche un peu traçante, et formant un gazon assez compact qui pourrait s'employer pour les prairies en

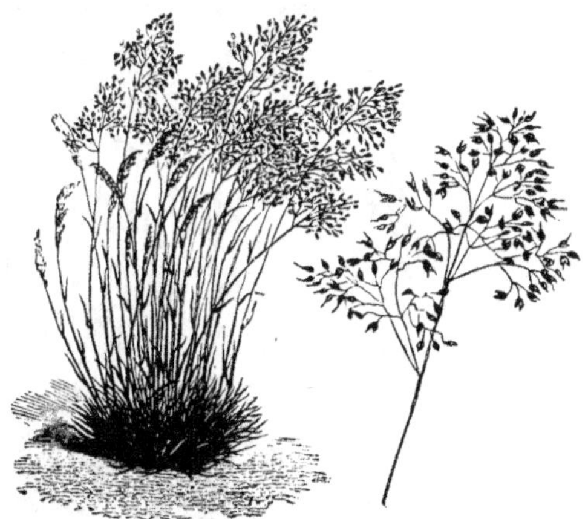

Fig. 19. — **Canche flexueuse**.
(Aira flexuosa).

terre légère et très humide: mais la semence ne se trouve que rarement dans le commerce.

23. LE BROME DES CHAMPS (*Bromus arvensis*, L.)— Herbe annuelle, qui se sème çà et là en terre légère. La semaille a lieu en automne et il s'en produit une forte coupe pour le commencement de juin de l'année suivante. La quantité de la semence est de 50 kilos par hectare, et, pour être bonne, celle-ci doit présenter 95 0/0 de pureté et 80 0/0 de faculté germinative.

24. LE BROME DRESSÉ (*Bromus erectus*, Huds). — Herbe vivace, un peu dure, mais d'une valeur nutritive assez élevée. Elle croît en petites touffes et réussit le mieux sur les coteaux calcaires, secs et bien exposés au soleil. En semis

Fig. 24. — Brome dressé
(Bromus erectus).

pur, la quantité de la semence est de 60 kilos par hectare, et celle-ci doit avoir 80 0/0 de pureté et 60 0/0 de faculté germinative.

25. LE BROME INERME (*Bromus inermis*, Leyss).-- Herbe vivace également, à souche longuement stolonifère, prospè-

rant fort dans les terrains sableux secs et riches en humus.
En Hongrie, il se cultive en mélange avec la luzerne. La
quantité de la semence est de 50 kilos par hectare, et, pour
être bonne, il faut qu'elle présente 75 0/0 de pureté et
80 0/0 de faculté germinative.

26. LE BROME DOUX (*Bromus mollis*, L), qui est annuel,
pourrait s'employer à des endroits escarpés. — Quant aux
autres espèces de ce genre, elles n'ont qu'une valeur insignifiante.

27. LA FÉTUQUE GIGANTESQUE (*Festuca gigantea.*),
qui s'appelle aussi brome gigantesque, ou trop flatteusement,
« brome fourrager » n'a de valeur que pour des lieux ombragés ou humides. Mais sous ce nom il se vend ordinairement
une quantité de différentes graines nuisibles, comme celles
des deux brachypodes, du brome-seigle, etc.

28. LE PATURIN ANNUEL (*Poa annua*, L.), n'a pas d'importance fourragère ; et le *pâturin des forêts* (*Poa nemora-
lis*, L.), ne peut servir que pour les tapis de gazon ombragés.

B. — LÉGUMINEUSES

Les légumineuses ont une structure entièrement différente
de celle des graminées. Leurs racines principales pivotent
aussi profondément que possible dans le sous-sol (racines
pivotantes). Ces racines sont elles-mêmes garnies sur toute
leur longueur de radicelles fibreuses. Les tiges se ramifient et
sont, pour la plupart, droites (trèfle rouge, luzerne, sainfoin),

ascendantes ou couchées (lupuline et trèfle hybride), ou rampantes (trèfle blanc). Les feuilles se composent de trois folioles (trèfle violet, trèfle hybride, trèfle blanc, luzerne et lupuline) ou sont tailées, c'est-à-dire composées de plus de trois folioles (sainfoin). Les légumineuses appartiennent à la famille des Papilionacées. Chaque fleur est composée de quatre pétales irréguliers ; le plus grand, dirigé vers le haut, est nommé l'*étendard*, le deuxième en grandeur, qui occupe le bas, est dit la *carène*, et ceux des deux côtés sont les *ailes*. Les étamines sont au nombre de dix ; le plus souvent, neuf d'entres elles sont soudées en un seul tube fendu à sa partie supérieure et renfermant le pistil. Les fleurs sont réunies soit en capitules, soit en grappes. Le fruit est une *gousse* contenant une ou plusieurs graines. Cette gousse est ordinairement éliminée par le battage et l'on obtient la graine nue (il en est ainsi pour le trèfle rouge et la luzerne), ou bien la gousse entoure encore la graine après le battage, comme au sainfoin.

1. LE TRÈFLE ROUGE OU TRÈFLE VIOLET (*Trifolium pratense*, L.). — Le trèfle rouge est la plante fourragère la plus importante et la plus cultivée ; il fournit un fourrage excellent qui est en général consommé à l'état vert. C'est dans les sols marneux, ainsi que dans tout terrain d'une certaine consistance, contenant du calcaire, que le trèfle réussit le mieux. Il peut même se mettre sur l'argile la plus compacte, à condition qu'elle soit en bon état de culture ; mais il ne s'accommode pas d'un terrain retenant l'eau trop longtemps, de même qu'il ne croît qu'avec peine dans les terres trop légères et sablonneuses. Il est plus sensible à la rigueur du climat que les graminées ; et supporte bien la sécheresse, comme tous les trèfles : c'est pourquoi dans les années sèches, nous voyons sur nos prés les graminées peu apparentes et les trèfles prendre le dessus.

Les tiges sont droites et rameuses, vides pour la plupart à l'intérieur. On doit semer le trèfle au printemps, soit dans

Fig. 1. — Trèfle violet des Ardennes.
(Trifolium pratense).

une céréale d'été, soit dans un blé d'hiver. Dans les années favorables, il se développe déjà assez la première année pour donner en automne une petite coupe après la récolte du blé. L'année suivante il donne au moins deux coupes, puis en automne on le retourne. Il existe d'autres variétés qui sont plus durables, le trèfle rouge, par exemple, qui se rencontre à l'état sauvage; son port est plus modeste que celui du trèfle cultivé.

Dans le canton de Berne et ailleurs, on a produit avec le trèfle sauvage une variété qui devient très productive et qui est en même temps de longue durée. On le désigne sous le nom de *trèfle perpétuel*.

Le trèfle de provenance italienne doit être rejeté parce que, étant trop sensible à la rigueur de notre climat, il disparaît souvent dès le premier hiver. Celui de la France méridionale est semblable à ce dernier ; et, par conséquent d'un produit médiocre.

Le trèfle rouge d'Amérique est revêtu de poils et ne donne qu'un faible rendement à la deuxième coupe. Les meilleurs trèfles rouges sont ceux du Nord et de l'Est de la France, d'Angleterre, de Styrie, de l'Allemagne du Sud et de Silésie. Il va sans dire qu'il ne faut acheter que des graines garanties exemptes de cuscute.

2. TRÈFLE HYBRIDE. (*Trifolium hybridum*, L.). — Le trèfle hybride doit être semé de préférence dans des terres franches ou des glaises fraîches et même humides. Il est beaucoup moins sensible que le trèfle rouge et fournit un bon rendement. Plus tardif, il ne se durcit pas aussi facilement que ce dernier. Les tiges du trèfle hybride sont ascendantes ; d'abord coudées à la base, elles se redressent peu à peu. Ses fleurs en capitules sont blanches au centre et roses couleur chair en dehors. Il se mélange très avantageusement aux autres fourrages.

3. TRÈFLE BLANC (*Trifolium repens*, L.).— Le trèfle blanc est une plante qui n'a de valeur qu'en mélange avec d'autres trèfles et graminées, comme herbe basse ; cultivé seul, le produit en serait médiocre. Dans un mélange, les tiges rampantes du trèfle blanc poussent et s'enracinent partout où elles trouvent une place vide et constituent de cette manière un fonds de première qualité.

Le trèfle blanc dure de trois à quatre ans en semis purs, mais en mélange il est vivace et ne disparaît jamais complètement. En fumant un vieux pré, dans lequel le trèfle

Fig. 3. — Trèfle blanc
(Trifolium repens).

blanc est à peine visible, avec des cendres de bois ou de l'engrais minéral, on verra bientôt ce fourrage se développer vigoureusement ; ce qui provient de ce que la plante est mise tout à coup dans des conditions favorables à sa végétation. Mais c'est surtout l'arrosage au purin qui est pour le trèfle blanc d'une efficacité surprenante ; par la le sol reçoit non seulement l'engrais, mais souvent encore une assez grande quantité de graines de cette même plante provenant du fourrage donné au bétail, lesquelles germent et se développent sur le pré.

Ayant examiné le résidu sec d'un engrais liquide, de ce genre nous avons trouvé qu'un kilogramme contenait environ douze mille graines de trèfle blanc.

4. Le sainfoin, (*Onobrychis sativa*, Lmk.). — C'est une plante très rustique, qui se rencontre dans les pâturages jusqu'à deux mille mètres d'élévation au-dessus de la mer.

Le sainfoin est un fourrage de premier ordre s'il provient de graines sûres. Les meilleures sont celles du Nord et de l'Est de la France, de Savoie, de Moravie et d'Allemagne. Celles du Centre et du Midi de la France, plus petites et arrondies, sont très inférieures.

Le sainfoin demande avant tout un sous-sol calcaire parfaitement sain ; à ces conditions, il réussira, même dans les terres légères. Comme la jeune plante craint plutôt la sécheresse que le froid, on sème de bonne heure, en avril, à raison de 3 pour 1 de froment. La graine et son enveloppe doivent avoir une teinte brun clair. — Une innovation consiste à livrer la graine décortiquée, opération que seules les bonnes qualités peuvent supporter.

Le sainfoin est peu sociable et doit autant que possible être semé pur. Pour le faucher, il faut se souvenir que ses feuilles sont d'autant moins adhérentes qu'elles sont plus humides. Son foin, quoique un peu grossier, est de première qualité lorsqu'il a été fait dans de bonnes conditions, son regain n'a pas de rival pour la production du lait.

5. La luzerne (*Medicago sativa*, L.). — La luzerne ne prospère bien que sous un climat chaud et dans une terre bien profonde, riche en principes minéraux (chaux, acide phosphorique, potasse); elle fournit alors jusqu'à cinq coupes d'un excellent fourrage vert.

Dans les montagnes à climat humide, elle est sujette non seulement à être étouffée par les mauvaises herbes, mais

Fig. 5. — Luzerne des Ardennes
(Médicago sativa).

l'humidité lui nuit aussi directement. D'après la nature du sol et du climat, sa durée varie de trois à vingt ans. La luzerne doit être généralement cultivée seule. Elle n'est bonne à entrer dans les mélanges que si ceux-ci sont coupés trois fois par an ; sans cela elle devient dure.

Les meilleures semences proviennent de la Provence et

du Nord-Est de la France. Ce sont celles qui ont les grains les plus gros et les plus capables de germer ; celles du Languedoc et du Poitou sont moins bonnes ; celles d'Italie sont encore inférieures à ces dernières. La graine de luzerne contient souvent de la cuscute (teigne), aussi doit-on, en l'achetant, avoir soin de se faire donner une garantie, et la faire contrôler. Si l'on a semé par imprudence de la graine impure et que l'on voie la cuscute apparaître sur un champ, il faut se hâter d'y remédier par les moyens les plus énergiques possibles.

6. Lupuline ou minette (*Medicago Lupulina,* L.). — C'est une luzerne appelée aussi minette dorée, trèfle jaune, trèfle des sables, coucou jaune.

Elle est fort utile dans les terrains peu substantiels et légers ; elle est au trèfle rouge ce que le seigle est au froment. La lupuline fournit un bon fourrage hâtif et s'associe avantageusement aux graminées des terrains secs. La Lorraine et la Champagne en produisent de la semence d'excellente qualité.

8. Le lotier corniculé (*Lotus corniculatus,* L.). — Espèce vivace, qui n'a de valeur que pour les prairies permanentes. La semence véritable du lotier corniculé n'existe pas dans le commerce. A Wiesen, canton de Soleure, on cultive depuis dix-huit ans cette sorte de trèfle seule ou en mélange ; on y paye la semence de 3 à 4 francs le kilo.

9. Le lotier a feuilles étroites (*Lotus tenuis,* Kit.). — Ce lotier se distingue du précédent, dont il est une variété, par ses feuilles plus étroites. Sa graine est de couleur brun-foncé et se trouve dans le commerce sous le nom de *lotier corniculé.* La durée n'en est que de deux ans.

10. LE LOTIER DES MARAIS (*Lotus uliginosus,* Schk.).— Le lotier des marais est aussi vivace que le lotier corniculé ; il devient un peu plus grand et se distingue par les dents du calice rejetées en arrière avant l'épanouissement de la fleur.

Fig. 6. — **Minette, Lupuline,**
Luzerne lupuline.
(Médicago lupulina).

La semence s'achète dans le commerce sous le nom de *lotier velu.* (*L. corniculatus* var. *villosus.*)

11. ANTHYLLIDE VULNÉRAIRE OU TRÈFLE JAUNE DES SABLES (*Anthyllis Vulneraria,* L.). — Convient pour les terres légères, notamment pour celles qui sont maigres et calcaires, sur lesquelles ne réussit pas le trèfle rouge. A cause de ses tiges couchées, qui ne se laissent pas bien couper à la faux, l'an-

thyllide est plutôt une herbe à pâturer qu'à faucher. La durée
en est de deux ans, mais elle se maintient plus longtemps
en se ressemant d'elle-même.

12. Trèfle intermédiaire (*Trifolium medium*, L.). —
Sous ce nom l'on désigne souvent, dans les publications
agricoles et chez les marchands grainiers, une variété du
trèfle rouge dite « Trèfle des prés sauvages » (*Trifolium
pratense*, var. *pratorum*, Alefeld, ou *T. p.* var. *perenne*,
Host), qui s'appelle, en Suisse, trèfle naturel ou des prés et
cow-grass (herbe-à-vache) chez les Anglais. Quant au véritable trèfle intermédiaire, il est indigne d'être cultivé dans
une bonne terre, et, d'ailleurs, la semence ne se trouve pas
dans le commerce.

13. Vesce multiflore ou en épi (*Vicia cracca*, L.) — La
semence véritable de cette espèce n'existe pas dans le commerce et ce qu'on offre comme telle, consiste principalement
en graines de plusieurs petites vesces, mauvaises herbes
très nuisibles qui végètent parmi les céréales, lesquelles ont
été recueillies dans les criblures du blé et lavées ensuite.

Voici la composition de quatre lots de cette prétendue
semence de vesce multiflore qui ont été analysés à la station
fédérale de contrôle des semences :

ESPÈCES DE GRAINES	I 0/0	II 0/0	III 0/0	IV 0/0
Vesce hérissée, *Vicia hirsuta* Koch......................	53.97	68.01	59.85	20.24
Vesce à quatre graines, *Vicia tetrasperma*, Moench........	134.07	24.91	31.49	69.36
Froment et seigle.............	0.15	0.71	1.03	1.89
Rubéole des champs, grémil des champs, mélampyre des champs, myosotis, grande patience.......................	0.24	0.54	0.38	0.08
Gaillet.......................	0.23			0.45
Nielle des champs............	1.31		0.07	0.15
Liseron des champs			0.03	0.04
Bluet.........................	0.02		0.05	0.26
Fétuque ovine, trèfle jaune, houlque	0.06	0.18	1.11	0.19
Renouée des oiseaux			0.46	
Fétuque des prés			0.04	
Plantain lancéolé, sélaire......			0.11	
Chrysanthème des moissons ...				0.22
Brome-seigle.................				0.16
Bulbilles d'ail...............				0.05
Brisures, terre, pierres, etc...	7.95	5.65	5.38	6.91
Total.........	100.00	100.00	100.00	100.00

Dans ces dernières années, la maison Henri Keller fils, avec la collaboration de M. Wagner, s'est appliquée à mettre dans le commerce de la graine pure de vesce en épi, mais sans grand succès jusqu'à ce jour.

14. VESCE DES HAIES (*Vicia sepium*, L.). — La semence du commerce se compose des mêmes éléments impurs que celle dite de vesce en épi.

15. GESSE DES PRÉS (*Lathyrus pratensis*, L.). — Les semences de ces trois dernières espèces qu'on trouve dans le commerce sortent toutes d'un seul et même sac des marchands grainiers en gros.

16. Espèces de mélilot (*Melilotus spec.*) — Elles ne donnent qu'un fourrage amer et dur et ne peuvent servir aux mélanges. Le mélilot blanc (*Melilotus alba* Desr.) est l'objet de grandes réclames sous les noms pompeux de trèfle géant, trèfle merveille ou *trèfle de Bokhara* et avec la devise de « Plus de disette de fourrage ».

C. — PLANTES FOURRAGÈRES de diverses familles.

1. Le plantain lancéolé (*Plantago lanceolata*, L.). — Espèce d'une durée de trois ans, qui n'a de valeur qu'en pâturage.

2. Le cumin des prés (*Carum Carvi*, L.). — Plante bisannuelle, qui s'ajoute souvent aux mélanges en vue de rendre le bétail moins sujet à la météorisation.

3. L'achillée millefeuille (*Achillea Millefolium*, L.). — Espèce propre à entrer dans les mélanges pour pâtures à moutons et pour les tapis de gazon des jardins, mais ne se prêtant pas à d'autres usages.

4. La petite pimprenelle (*Poterium Sanguisorba*, L.). — La semence se trouve souvent dans le commerce et provient du nettoyage de celle de sainfoin, dont elle constitue une impureté des plus fréquentes et d'ordinaire très abondante. Quand, comme c'est le cas communément, elle est impure elle-même, vieille et gâtée pour être restée longtemps en magasin, il n'y a rien de bon à en attendre. Elle n'a de valeur que pour des terres sèches et pauvres, en mélange avec des graminées ou des trèfles.

CHAPITRE VIII

Mélanges de graines fourragères.

Nous les divisons suivant la composition, l'emploi agricole et la durée du rapport en :

1° *Mélanges de trèfles et de graminées.*
2° *Mélanges pour prairies temporaires.*
3° *Mélanges pour prairies permanentes.*

1° TRÈFLES ET GRAMINÉES

DURÉE DE 1 A 3 ANS

Nous comprenons dans cette classe les mélanges où le trèfle domine ou bien est dans la proportion d'au moins 40 0/0. Comme d'ordinaire la végétation de cette plante dure peu, le temps qu'un tel mélange reste en bon rapport est seulement de 1 à 3 ans. — Mais il est préférable au semis de trèfle pur, parce que la réussite en est plus assurée et qu'il donne un fourrage avec lequel le bétail est moins exposé à la météorisation. Un champ qui a porté du trèfle il y a peu d'années, n'est point propre à en recevoir de nouveau : on risquerait de n'en avoir que peu de profit, tandis qu'il sera grand par le moyen d'un mélange de trèfle et de graminées. A cet effet on associe à la légumineuse du ray-grass d'Italie ou des graminées équivalentes et bien appropriées au sol. Quand celui-ci est trop médiocre et que le trèfle serait sujet à ne pas bien réussir, on le sème également en mélange avec des graminées, telles que le timothy, pour une terre forte, et le ray-grass d'Italie, pour une terre plus légère. Le trèfle rouge peut, en partie, être remplacé aussi par d'autres espèces de cette légumineuse : par le trèfle hybride, par exemple, pour un sol compact; quand il s'agit d'une pâture, c'est le trèfle blanc qui doit dominer. Le sainfoin, la luzerne ordinaire et la luzerne rustique entrent rarement dans la composition des mélanges en question.

Les graminées qu'on y emploie le plus souvent sont : le ray-grass d'Italie et le timothy ainsi que le ray-grass anglais; quant au fromental et au dactyle, ils sont d'un usage plus restreint. Nous donnons comme exemples de mélanges de trèfles et de graminées les compositions suivantes :

A *Mélanges de deux espèces.*

I. ESPÈCES DE GRAINES	QUANTITÉ DE SEMENCE par hectare.	
	pour-cents de kilo.	kilos et grammes.
Trèfle rouge................... 90 0/0	1584	18.000
Ray-grass d'Italie............. 10 »	335	3.000

Mélange destiné à une bonne terre. — Plus le sol est léger, plus on renforce la dose du ray-grass, mais ce n'est qu'exceptionnellement qu'il s'en met plus de 33 0/0. La durée est d'une ou de deux années au plus. Comme, comparativement à un semis pur, il n'y a pas ici de différence bien marquante, un supplément de semence serait inutile.

II. ESPÈCES DE GRAINES		QUANTITÉ DE SEMENCE par hectare.	
		pour-cents de kilo.	kilos et grammes.
Trèfle rouge..................	90 0/0	1.584	18.000
Fléole des prés (Timothy).......	10 »	261	3.000

Si le mélange de trèfle rouge et de ray-grass d'Italie est mieux approprié à un sol léger et chaud, ce deuxième mélange réussit mieux sur une terre froide et forte, notamment pour fourrage vert. Plus la terre est pesante, plus on met de timothy, mais en ne dépassant 50 0/0 qu'exceptionnellement.

III. ESPÈCES DE GRAINES		QUANTITÉ DE SEMENCE par hectare.	
		pour-cents de kilo.	kilos et grammes.
Trèfle hybride..................	75 0/0	765	11.000
Timothy (fléole)..............	25 »	653	7.000

Mélange destiné a une terre humide et froide, ou le trèfle est d'un rapport incertain.

Nota. — Un mélange de sainfoin et de fromental n'est pas à recommander, parce que la semence en est chère et que le rendement serait faible et de peu de durée.

B. *Mélanges de trois espèces, avec addition de* 10 0/0

IV. ESPÈCES DE GRAINES		QUANTITÉ DE SEMENCE par hectare.	
		pour-cents de kilo.	kilos et grammes.
Trèfle rouge....................	40 0/0	774	4.800
Trèfle hybride.................	40 »	449	6.600
Timothy.......................	20 »	574	6.600

Combinaison des mélanges II et III appropriée plutôt aux terres fortes. Plus elles le sont, plus on réduit la proportion du trèfle rouge.

V. ESPÈCES DE GRAINES		QUANTITÉ DE SEMENCE par hectare.	
		pour-cents de kilo.	kilos et gramm s.
Trèfle rouge....................	85 0/0	1646	18.700
Ray-grass d'Italie.............	7 »	258	3.850
Timothy.......................	8 »	230	2.640

Combinaison des mélanges I et II pour une bonne terre de pesanteur moyenne ; durée de 2 à 3 ans.

VI. ESPÈCES DE GRAINES		QUANTITÉ DE SEMENCE par hectare.	
		pour-cents de kilo.	kilos et grammes.
Trèfle hybride.................	20 0/0	224	3.300
Trèfle blanc...................	60	713	9.900
Ray-grass anglais.............	20	937	13.200

Mélange ne convenant que pour pâture.

Mélanges de trois espèces, moins usités et moins recommandables :

    1. Trèfle rouge, trèfle hybride et ray-grass d'Italie.
    2. Trèfle rouge, sainfoin et ray-grass d'Italie.
    3. Trèfle rouge, luzerne, et ray-grass d'Italie.
    4. Sainfoin, fromental et ray-grass d'Italie.
    5. Trèfle rouge, trèfle blanc et ray-grass anglais.
Etc., etc.

C. *Mélange de quatre espèces, avec addition de* 20 p. 0/0.

VII. ESPÈCES DE GRAINES		QUANTITÉ DE SEMENCE par hectare.	
		pour-cents de kilo.	kilos et grammes.
Trèfle rouge...................	45 0/0	950	10.800
Trèfle hybride................	40 »	490	7.200
Ray-grass d'Italie......	7 »	281	4.200
Timothy..........	8 »	251	2.880

Combinaison des mélanges IV et V, appropriée à une terre de pesanteur moyenne ; pour une terre plus forte on remplace le ray-grass d'Italie par le ray-grass anglais. Pour pâture, il convient de prendre les trèfles hybride et blanc, le ray-grass anglais et le timothy.

D. *Mélanges de cinq espèces, avec addition de* 30 p. 0/0.

VIII· ESPÈCES DE GRAINES		QUANTITÉ DE SEMENCE par hectare.	
		pour-cents de kilo.	kilos et grammes.
Trèfle rouge...................	40 0/0	915	10.400
Trèfle hybride........·.......	30 »	398	5.850
Fromental...................	10 »	478	10.400
Ray-grass anglais.	10 »	554	7.800
Timothy...................	10 »	339	3.900

Mélange approprié à une terre de limon ou de bonne argile ; durée de 2 à 3 ans. — Citons encore, comme exemples, trèfle rouge, minette, trèfle blanc, fromental et ray-grass d'Italie, pour les terres mi-fortes ou légères. Dans les sols profonds, la minette peut être remplacée par la luzerne, etc.

E. *Mélange de six espèces.*

Trèfle rouge, trèfle hybride, trèfle blanc, minette, ray-grass d'Italie et timothy.

F. *Mélange de sept espèces.*

Trèfle rouge, trèfle hybride, trèfle blanc, minette, fromental, ray-grass d'Italie et ray-grass Anglais.

On peut porter le nombre jusqu'à 8, 9 et 10 espèces, en ajoutant le timothy, le dactyle et la luzerne.

On voit que les mélanges de cette catégorie ne sont pas de composition bien complexe, et il serait facile d'en ajouter quelques douzaines. Mais il est impossible de donner dans un livre aussi restreint des compositions propres à tous les terrains : aussi, celles que je présente ici sont moins des recettes que de simples exemples propres à guider le cultivateur dans ses calculs en cette matière.

Des mélanges de trèfles et de graminées on obtient généralement un rapport moindre que des prairies temporaires, mais en revanche la semence en est moins chère. D'un autre côté, ils fournissent un fourrage plus propre à être consommé en vert que celui des prairies, parce que la proportion des trèfles l'emporte sur celle des graminées. Au contraire, l'herbe des prairies temporaires se prête mieux à être convertie en foin.

Lorsque, dans un tel mélange, les trèfles entrent pour moins de 50 0/0, il doit s'appeler plutôt *mélange de graminées et de trèfles*. Il s'emploie çà et là des compositions de cette sorte, mais il ne faut pas les confondre avec celles pour les prairies temporaires ou permanentes, qui, comme on le verra plus loin, sont fondées sur d'autres principes. Dans les mélanges de graminées et des trèfles, il n'entre d'ordinaire qu'un très petit nombre de graminées à durée assez courte, et il est indifférent que le fourrage qu'elles donnent soit bas au haut.

Il arrive aussi qu'on sème différents trèfles ou d'autres légumineuses, sans addition de graminées, comme, par exemple, le trèfle rouge et le trèfle hybride ou le trèfle violet et le sainfoin, ce qui pourrait s'appeler *mélanges de trèfles*. Inversement, les *mélanges de graminées* ne consistent qu'en espèces de cette famille de plantes, sans addition de légumineuses. Mais ces derniers ne sont pas à recommander, parce que le rendement et la qualité sont toujours médiocres.

2° MÉLANGES POUR PRAIRIES TEMPORAIRES

(Durée de 3 à 6 ans).

Ces mélanges sont destinés principalement à la culture intensive, sur les terres de bonne qualité et bien fumées. Dans ce cas leur rendement est souvent énorme. Il ne peut être égalé ni par les prairies permanentes ni par les trèfles et graminées. Il importe de les composer d'après les principes suivants :

1. Les légumineuses ne doivent y entrer en général que pour un tiers (33 0/0), si l'on veut que la culture soit dans les meilleures conditions de rapport et de durée.

2. La proportion du ray-grass d'Italie ne doit pas être de plus de 5 0/0, parce que, dans les deux premières années, il étouffe souvent les espèces qui se développent plus lentement et que par là, lorsqu'il a disparu lui-même, il se produit des lacunes dans l'herbage.

3. Pour la même raison, il ne faut pas que le ray-grass anglais dépasse 10 0/0, quoiqu'il soit de plus longue durée que le précédent.

4. Il faut mettre à la fois des herbes hautes, moyennes et basses.

5. Les espèces les plus durables, telles que le dactyle, la fétuque et le pâturin des prés, doivent y participer dans les proportions convenables.

Comparativement aux mélanges de trèfles et de graminées, ceux dont il s'agit ici ont l'avantage de rester plus longtemps en rapport, d'être généralement d'un rendement plus fort et surtout plus sûr; mais les prés coûtent un peu cher à établir et il faut plus de savoir et d'expérience pour composer un mélange qui leur convienne. Les prairies temporaires l'emportent sur les permanentes en ce qu'elles sont moins chères à mettre en train et aussi plus productives.

La durée d'exploitation d'une prairie temporaire bien conditionnée dépend de l'état du sol, de sa nature plus ou moins compacte, de son degré d'humidité, de son état de fumure et aussi de ce qu'on peut lui fournir d'engrais dans la suite. Cette durée sera d'autant plus longue que le sol est plus compact et plus propice à la production herbacée, quand d'ailleurs les autres conditions sont également favorables. Si pendant l'exploitation on ne peut faire annuellement un arrosage au purin, la végétation sera moins plantureuse déjà la quatrième année; il faudra alors sans retard rompre le pré, en ameublir le sol et le sous-sol, fumer de

nouveau, pour le remettre en champ, duquel on tire
diverses récoltes pendant une ou plusieurs années, suivant
les cirsconstances ; après quoi l'on y fait un nouveau semis
de plantes fourragères. — C'est mieux, en général, de procéder ainsi, que d'avoir recours à un semis supplémentaire.
Il est vrai que le terrain, après avoir été labouré, peut
être remis en pré immédiatement, mais il est préférable
de le faire servir d'abord à une récolte intermédiaire.

Maintenant voici quelques exemples de mélanges pour
prairies temporaires :

A. *Mélange pour une bonne terre fertile, riche en humus,
de limon, de marne limoneuse ou de marne argileuse,
avec addition de 40 0/0.*

I. ESPÈCES DE GRAINES	QUANTITÉ DE SEMENCE PAR HECTARE		
	le futur pré doit avoir	pour-cents de kilo.	kilos et grammes.
1 Sainfoin	5 0/0	949	12.325
2 Trèfle rouge	15	370	4.205
3 Trèfle blanc	5	76	1.056
4 Trèfle hybride	8	114	1.676
5 Fromental	10	515	11.196
6 Ray-grass anglais	8	477	6.718
7 Ray-grass d'Italie	5	235	3.507
8 Fétuque des prés	10	605	8.403
9 Dactyle	10	312	5.887
10 Timothy	10	365	4.195
11 Avoine jaunâtre	4	30	1.875
12 Crételle des prés	2	45	0.833
13 Pâturin des prés	8	99	2.475
Total	100 0/0		64.351

Où le sainfoin risque de ne pas réussir, on peut le remplacer par une autre légumineuse.

B. *Mélange pour une bonne terre argileuse, riche en humus, avec addition de 40 0/0.*

II. ESPÈCES DE GRAINES	QUANTITÉ DE SEMENCE PAR HECTARE		
	le futur pré doit avoir	pour-cents de kilo.	kilos et grammes.
1 Trèfle rouge.................	15 0/0	370	4.205
2 Trèfle blanc.................	5	76	1.056
3 Trèfle hybride..............	13	186	2.735
4 Fromental..................	5	258	5.609
5 Ray-grass anglais...........	10	596	8.394
6 Ray-grass d'Italie...........	5	235	3.507
7 Fétuque des prés	10	605	8.403
8 Dactyle	10	312	5.887
9 Vulpin des prés.............	5	45	1.667
10 Timothy................	15	548	6.299
11 Crételle des prés............	5	113	2.098
12 Pâturin des prés............	2	25	0.625
Total...........	100 0/0	.	50.480

1. Plus la terre est forte, plus le trèfle rouge peut être remplacé par le trèfle hybride.

2. Le timothy et le dactyle sont les types des plantes propres aux terres lourdes, et c'est le premier qui convient le mieux pour être substitué à une espèce qu'on voudrait laisser de côté.

3. Le ray-grass d'Italie pourrait en partie être remplacé par le ray-grass anglais.

4. Quand on peut avoir du pâturin commun, il serait bon de le prendre en place du pâturin des prés dans toute terre compacte et froide ; pour celles qui le sont beaucoup, le fiorin vaudrait encore mieux.

C. *Mélange pour une terre de sable limoneux, profond et riche en humus, avec addition de 40 0/0.*

III. ESPÈCES DE GRAINES	QUANTITÉ DE SEMENCE PAR HECTARE		
	le futur pré doit avoir	pour-cents de kilo.	kilos et grammes.
1 Sainfoin	5 0/0	949	12.325
2 Trèfle rouge	5	123	1.398
3 Luzerne	5	185	2.102
4 Trèfle hybride	5	76	1.056
5 Lupuline	13	310	3.827
6 Fromental	15	773	16.804
7 Ray-grass anglais	2	119	1.676
8 Ray-grass d'Italie	5	235	3.507
9 Dactyle	10	312	5.887
10 Houlque laineuse	5	49	1.750
11 Fétuque rouge gazonnante	10	199	4.628
12 Timothy	5	183	2.103
13 Avoine jaunâtre	5	37	2.313
14 Pâturin des prés	10	123	3.075
Total	100 0/0		62.451

1. Où le sainfoin est d'un rapport assuré, il peut remplacer par moitié la lupuline (minette).

2. Plus la terre est bonne, plus on pourra mettre de trèfle rouge en place de lupuline.

3. Si l'on veut substituer une espèce de graminée à une autre, le dactyle et l'avoine jaunâtre méritent la préférence.

4. Où la terre n'est pas assez profonde pour la réussite de la luzerne, il faudra une légumineuse mieux appropriée.

5. Si la terre est très légère, on pourra renforcer la proportion de la houlque laineuse.

D. *Mélange pour une bonne et profonde terre calcaire, marno-calcaire ou marno-sableuse, avec addition de 40 0/0.*

IV. ESPÈCES DE GRAINES	QUANTITÉ DE SEMENCE PAR HECTARE		
	le futur pré doit avoir	pour-cents de kilo.	kilos et grammes.
1 Sainfoin	15 0/0	2846	36.961
2 Trèfle violet	8	197	2.239
3 Trèfle blanc	5	7	1.056
4 Lupuline	5	119	1.469
5 Fromental	20	1030	22.391
6 Ray-grass d'Italie	5	235	3.507
7 Dactyle	10	312	5.887
8 Fétuque rouge gazonnante	16	199	4.628
9 Timothy	5	183	2.103
10 Avoine jaunâtre	7	52	3.230
11 Pâturin des prés	10	23	3.075
Total	100 0/0		86.566

1. Les mélanges où le sainfoin domine sont toujours chers, et le rapport en est disproportionné à la dépense ; partout où c'est possible, il faut chercher à le remplacer, jusque par moitié, par du trèfle blanc et rouge.

2. Où le sainfoin réussit sûrement, le fromental convient aussi.

E. *Mélange pour une bonne terre humeuse, drainée et accessible au voiturage de fumier et de marne, avec addition de 40 0/0.*

V. ESPÉCES DE GRAINES	QUANTITÉ DE SEMENCE PAR HECTARE		
	le futur pré doit avoir	pour-cents de kilo.	kilos et grammes.
1 Trèfle rouge................	5 0/0	132	1.500
2 Trèfle blanc	5	81	1.125
3 Trèfle hybride..............	18	275	4.044
4 Lotier des marais...........	5	64	0.970
5 Fromental..................	5	276	6.000
6 Ray-grass anglais...........	5	320	4.507
7 Fétuque des prés	7	454	6.306
8 Dactyle	15	501	9.453
9 Vulpin de prés	5	49	1.815
10 Houlque laineuse...........	5	53	1.893
11 Timothy...................	15	587	6.747
12 Fiorin....................	10	130	1.806
Total..........	100 0/0		46.166

1. Suivant la nature du sol, le trèfle hybride, le dactyle, le timothy et le fiorin tiennent ici le premier rang.

2. Quand il est possible d'avoir de la semence véritable de pâturin commun, on en peut prendre environ 10 0/0, en réduisant les proportions de fiorin et de ray-grass anglais.

9

F. *Mélange pour une terre argileuse, humide et froide, avec addition de* 50 0/0.

ESPÈCES DE GRAINES	QUANTITÉ DE SEMENCE PAR HECTARE		
	le futur pré doit avoir	pour-cents de kilo.	kilos. et grammes.
1 Trèfle rouge	5 0/0	132	1.500
2 Trèfle blanc	5	81	1.125
3 Trèfle hybride	23	352	5.176
4 Fromental	5	276	6.000
5 Ray-grass anglais	10	639	9.000
6 Dactyle	15	501	9.453
7 Timothy	15	587	6.747
8 Fétuque des prés	7	454	6.306
9 Vulpin des prés	5	49	1.815
10 Fiorin	10	130	1.806
Total	100 0/0		48.928

On peut remplacer le fiorin par du pâturin commun.

3° MÉLANGES POUR LES PRAIRIES PERMANENTES OU NATURELLES

(Durée de plus de 6 ans.)

Lorsqu'il s'agit d'une prairie devant rester un peu longtemps en exploitation, il faut procéder d'une manière particulière. La proportion des légumineuses ne doit pas dépasser 20 0/0. La proportion des plantes de peu de durée, comme les ray-grass anglais et d'Italie, en partie aussi le fromental et le timothy, doit être réduite plus encore que pour les prairies temporaires, tandis qu'il importe d'avoir recours davantage aux graminées de longue durée. Ces dernières étant généralement moins productives, on n'obtient pas de ces mélanges un rendement aussi fort que de ceux des deux catégories précédentes, parce que, pour prolonger l'exploitation, on donne moins de place aux espèces d'un grand rapport. C'est pourquoi, partout où c'est possible, une culture fourragère bien entendue doit donner la préférence, soit aux mélanges de trèfles et de graminées, soit à ceux pour prairies temporaires, et ne se faire en prairie permanente que dans les cas où il est impossible ou défavorable de faire autrement. Ces cas sont les suivants :

1. Terrains exposés à des inondations ;

2. Pentes trop fortes, où la rupture fréquente du pré ne peut avoir lieu facilement ;

3. Terres excessivement compactes et résistantes, qui sont difficiles à travailler et ne donnent que peu de rapport à la culture des céréales, ou, au contraire, sont d'un sol par trop léger.

4. Hauteurs où les conditions météorologiques sont contraires aux céréales et favorables aux plantes fourragères ;

5. Endroits propres à la formation de prairies irriguées ;

6. Lieux voisins de la ferme et vergers plantés de beaucoup d'arbres, ne se prêtant point à être rompus fréquemment, mais propres à faire des prairies permanentes, dont le rendement peut devenir très fort, grâce à de copieux arrosages de purin ;

7. Champs trop éloignés de la ferme et en général toutes terres *ne se recommandant pas pour une culture intensive*, comme, par exemple. celles qui sont trop pénétrées d'eau, ou trop sèches, ou trop maigres.

Du moment qu'une prairie naturelle, étant infestée de mauvaises herbes et de plantes médiocres prenant la place de bonnes, n'est plus que d'un faible rapport, il va de soi qu'en toute circonstance où c'est possible, il faut la rompre et ensemencer de nouveau. Si l'on peut faire de la culture intensive, on utilisera dorénavant le terrain soit comme prairie temporaire, soit en y mettant un mélange de trèfles et de graminées; si non, l'on en fera de nouveau une prairie permanente. — Quand il faut acheter la semence, le coût d'un mélange pour prairie permanente est encore plus fort que pour une temporaire, parce que les graines des graminées durables sont les plus chères. L'établissement d'une telle prairie et le choix de ses plantes exigent de sérieuses réflexions et l'attention la plus minutieuse, parce que de là dépend avant tout le rendement que nous en espérons pendant de longues années. C'est pourquoi une connaissance approfondie de la matière et beaucoup d'expérience agricole sont ici plus nécessaires encore que quand il s'agit d'une prairie temporaire.

Voici quelques exemples de mélanges pour prairies permanentes :

G. *Mélange pour une bonne terre de limon, de marne limoneuse ou de marne argileuse, riche en humus, avec 50 0/0 d'addition.*

I. ESPÈCES DE GRAINES	QUANTITÉ DE SEMENCE PAR HECTARE		
	le futur pré doit avoir	pour-cents de kilo.	kilos et grammes.
1 Trèfle rouge...............	5 0/0	132	1.500
2 Luzerne	5	198	2.250
3 Trèfle blanc	10	162	2.250
4 Fromental..................	10	552	12.000
5 Ray-grass anglais...........	5	320	4.507
6 Ray-grass d'Italie..........	2	101	1.507
7 Fétuque des prés...........	15	972	13.500
8 Dactyle	10	334	6.302
9 Vulpin des prés.............	5	49	1.815
10 Timothy....................	8	313	3.598
11 Avoine jaunâtre............	10	79	4.938
12 Crételle des prés..........	5	122	2.259
13 Pâturin des prés...........	10	132	3.300
Total..............	100 0/0		59.726

Une bonne et fertile terre moyenne ne doit être mise en prairie permanente que quand certaines circonstances la rendent impropre à une exploitation intensive, comme son éloignement de la ferme, la difficulté d'y transporter du fumier, etc., etc. — S'il y a profit de cultiver un sol intensivement, on fait mieux d'y semer le mélange **A** pour prairie temporaire.

H. *Mélange pour une terre légère et médiocre, avec addition de 50 0/0.*

II. ESPÈCES DE GRAINES	QUANTITÉ DE SEMENCE PAR HECTARE		
	le futur pré doit avoir	pour-cents de kilo.	kilos et grammes.
1 Sainfoin	5 0/0	1016	13.195
2 Trèfle rouge	5	132	1.500
3 Luzerne ou lupuline	5	198	2.250
4 Trèfle blanc	5	81	1.125
5 Fromental	20	104	24.000
6 Ray-grass d'Italie	5	251	3.746
7 Dactyle	10	334	6.302
8 Flouve odorante	5	66	2.538
9 Houlque laineuse	10	105	3.750
10 Fétuque rouge gazonnante	10	213	4.954
11 Avoine jaunâtre	10	79	4.938
12 Pâturin des prés	10	132	3.300
Total			62.894

Plus le sol est maigre et léger, plus est difficile le choix de bonnes plantes propres à y réussir. Quand le trèfle rouge n'y réussit qu'à peine et le sainfoin pas du tout, la légumineuse qui va le mieux est la lupuline (minette).

I. *Mélange pour une terre argileuse froide, avec addition de 50 0/0.*

III. ESPÈCES DE GRAINES	QUANTITÉ DE SEMENCE PAR HECTARE		
	le futur pré doit avoir	pour-cents de kilo.	kilos et grammes.
1 Trèfle rouge......	5 0/0	132	1.500
2 Trèfle blanc	5	81	1.125
3 Trèfle hybride.............	5	77	1.132
4 Lotier commun	5	64	0.970
5 Ray-grass français...........	5	276	6.000
6 Ray-grass anglais............	5	320	4.507
7 Ray-grass italien............	2	101	1.507
8 Fétuque ovine...............	20	1296	18.000
9 Dactyle.....................	15	501	9.453
10 Vulpin des prés.....	5	49	1.815
11 Timothy...................	10	392	4.506
12 Crételle des prés...........	8	194	3.593
13 Fiorin...................	10	130	1.806
Total....	100 0/0		55.914

Si l'on peut avoir du pâturin commun de bonne qualité, il sera bon d'en ajouter ici de 5 à 10 0/0.

K. *Mélange pour des prairies irriguées à sol léger ou de pesanteur moyenne, avec addition de 50 0/0.*

IV. ESPÈCES DE GRAINES	QUANTITÉ DE SEMENCE PAR HECTARE		
	le futur pré doit avoir	pour-cents de kilo.	kilos et grammes.
1 Trèfle blanc.................	10 0/0	162	2.250
2 Trèfle hybride..............	10	153	2.250
3 Fromental.................	5	276	6.000
4 Ray-grass anglais............	5	320	4.507
5 Ray-grass d'Italie...........	2	101	1.507
6 Fétuque des prés	20	1296	18.000
7 Dactyle....................	10	334	6.302
8 Vulpin des prés.............	10	97	3.598
9 Timothy...................	5	196	2.253
10 Crételle des prés...........	8	194	3.593
11 Avoine jaunâtre	10	79	4.938
12 Fiorin...................	5	65	0.903
Total............	100 0/0		59.096

Le pré ne doit pas être irrigué pendant les deux premières années.

L. *Mélange pour une bonne terre tourbeuse, avec addition de 50 0/0.*

V. ESPÈCES DE GRAINES	QUANTITÉ DE SEMENCE PAR HECTARE		
	le futur pré doit avoir	pour-cents de kilo.	kilos et grammes.
1 Trèfle blanc	7 0/0	113	1.569
2 Trèfle hybride	8	122	1.794
3 Lotier corniculé.............	5	64	0.970
4 Fromental...................	5	276	6.000
5 Ray-grass anglais............	5	320	4.507
6 Fétuque des prés.............	15	972	13.500
7 Dactyle.....................	20	668	12.604
8 Vulpin des prés.............	10	97	3.593
9 Houlque laineuse.............	5	53	1.893
10 Timothy....................	10	392	4.506
11 Fiorin.....................	10	130	1.806
Total...........	100 0/0		52.742

1. Le pâturin commun serait également à sa place ici.

2. Quand la réussite des autres graminées est douteuse, il faut mettre une plus forte proportion de houlque laineuse.

REMARQUES GÉNÉRALES SUR LES MÉLANGES

1. Les mélanges dont nous venons d'indiquer la composition sont destinés principalement aux prés à faucher. Pour une pâture il faut avoir recours surtout aux plantes les plus propres à ce genre d'exploitation, notamment au trèfle blanc, au ray-grass anglais et à la crételle des prés, qui sont par excellence des espèces à pâturer ; le pâturin des prés, le pâturin commun et la fétuque rouge gazonnante sont bons également, tandis que le timothy et la fétuque des prés n'ont guère de valeur ici. Sur un sol pauvre on peut employer aussi la fétuque ovine.

2. Plus le sol est bon, plus il est avantageux de semer dru, ce qui se fait en renforçant les additions de semence. Mais il faut y aller prudemment, sous peine de subir de préjudices considérables. — Si, par exemple, on sème le mélange **A**, avec un supplément extraordinaire, soit de 100 0/0, sur une terre chaude et bien fumée, le ray-grass d'Italie prend un développement énorme, pendant que les autres graminées poussent moins vite ; celui-là l'emporte sur elles et finit par les étouffer. C'est pourquoi il faut beaucoup moins de supplément de semence de cette espèce. Il en est de même du ray-grass anglais, mais à un degré beaucoup moindre. Il importe donc de ne pas semer à tout hasard sur une moitié d'hectare un mélange calculé pour un hectare entier.

3. Pour une terre sèche et sous un climat sec, il faut avoir recours surtout aux herbes basses, à tallage serré, telles, par exemple, que la flouve odorante et la houlque laineuse, non pas en considération du produit, mais parce qu'elles favorisent le dépôt de la rosée et la retiennent longtemps dans leurs touffes épaisses, au profit également de la végétation des autres espèces.

4. Si une terre est plus humide que ce n'est admis pour tel ou tel des mélanges **A** à **L**, le mélange le plus convenable généralement, est celui de la terre qui, par son degré de compacité se rapproche le plus de celle dont il s'agit : ainsi, par exemple pour une terre de *limon humide*, le mélange **B** est préférable au mélange **A**.

5. Pour tous nos mélanges des rubriques **A** à **L** ainsi que pour les mélanges de trèfles et de graminées, il a été pris, comme base du calcul du poids, les indications de qualité qui se trouvent au tableau I, page 69 du chapitre VI. Or, plus une semence est de qualité inférieure, plus il faudra de poids pour obtenir les pour-cents de kilo nécessaires ; au contraire, plus la semence est bonne, plus petite sera la quantité qu'il en faudra. Du reste, ces calculs doivent se faire d'après les règles données dans le chapitre VI.

6. *Il importe de répéter que nos mélanges ne doivent être pris que comme des exemples et non comme des recettes ; c'est au cultivateur de composer lui-même les mélanges les mieux appropriés aux conditions dans lesquelles il travaille.*

CHAPITRE IX

Achat des semences.

Il est rare que le cultivateur recueille sur ses propres prés
toutes les semences nécessaires aux mélanges : d'ordinaire,
il est obligé de se les procurer, au moins en partie, par la
voie du commerce. En cela il est indispensable d'user de
certaines précautions, afin de ne pas risquer d'avoir d'une
semence mauvaise, une récolte manquée ou insuffisante.

Dans certaines contrées de l'Allemagne, on ramasse toutes
les graines possibles, sans distinction d'espèces, dans les
forêts, aux bords des chemins ou dans les lieux incultes et
l'on en compose un mélange tout fait. Comme il y a toujours
des gens qui ne dédaignent pas ce genre de marchandise,
elle est achetée à très bon compte par les marchands grainiers du pays, pour être revendue avec plus ou moins de
profit. Quand le mélange n'est pas obtenu directement de
cette façon-là, certains marchands grainiers peu conscien-
cieux n'y emploient cependant que les espèces de graines
les moins coûteuses et de la qualité la plus inférieure, pendant que les espèces meilleures et plus chères, comme celles
du dactyle, du fromental, de la fétuque, du vulpin et de
la crételle des prés, etc... n'y entrent que très peu ou pas
du tout. Ces mélanges consistent principalement en graines
de houlque laineuse, d'ordinaire très impures et de basse
qualité, en celles de canche flexueuse, de canche gazonnante,
de fétuque ovine, de brome doux, de brome — seigle, ainsi qu'en criblures des ray-grass anglais et d'Ita-

lie, etc., etc... — On ne pourrait donc trop conseiller aux agriculteurs, s'ils veulent absolument acheter des mélanges tout
faits, de ne s'adresser qu'à des marchands grainiers cons-
ciencieux et compétents. Mais il est préférable de les
composer soi-même.

En Italie, beaucoup de marchands grainiers vont jusqu'à
mettre dans les mélanges pour prairies de la criblure des
semences de trèfle rouge, de luzerne, de sainfoin et de
blé, laquelle contient énormément de graines de mauvaises
herbes, telles que la cuscute, le plantain lancéolé, le brome
stérile, la sétaire, la brunelle, l'ansérine, le chrysanthème
des moissons, des espèces de renouée, la patience, le myso-
tis, etc ; et comme preuve à l'appui de cette assertion, nous
donnons ci-après les résultats de l'analyse d'un mélange,
qui n'était pourtant pas des plus mauvais.

Il est facile de comprendre qu'avec tels mélanges on ne
peut rien attendre de bon, et l'on ne doit pas s'étonner que
les cultivateurs en obtiennent de mauvais résultats.

Il est vrai qu'il ne manque pas de marchands honnêtes
qui, pour les mélanges aussi, n'emploient que des graines
de bonne qualité; mais ceux-là tâchent eux-mêmes que
l'acheteur se procure chaque espèce à part, afin de pouvoir plus
aisément s'assurer de la bonne qualité et en estimer la
valeur. Il est très difficile de juger d'un mélange de graines,
et c'est le cultivateur qui est le moins en mesure de le
faire; mais il aura beaucoup moins de peine à apprécier des
graines qu'il a sous ses yeux en espèces isolées et à l'état
de pureté. Pour ces raisons, nous conseillons au cultivateur
d'acheter à part chaque espèce, pour en composer lui-
même ses mélanges, et notamment de tirer sa semence d'une
maison liée par contrat avec une *station de contrôle et
qui vende sur garanties*. L'acheteur doit exiger la garantie

du taux de la pureté et de la faculté germinative, et tenir autant que possible à ce qu'il ne soit pas inférieur aux chiffres donnés dans notre tableau I, p. 66, chapitre VI. Ayant en mains cette garantie, qu'il fasse *contrôler* la

ESPÈCES DE GRAINES	QUANTITÉ 0/0.	FACULTÉ germinative.
1 Ray-grass anglais avec balles............	15.70	53 0/0
2 Timothy..............................	4.50	88
3 Pâturin des prés et fiorin..............	0.50	63
4 Trèfle rouge........	3.50	66
5 Trèfle blanc.........................	2.80	53
6 Sainfoin.............................	6.20	35
7 Lupuline.............................	5.30	86
8 Fétuque ovine........................	9.90	10
9 Houlque laineuse.....................	2.70	43
10 Pimprenelle	5.80	
11 Canche flexueuse	7.70	
12 Brome doux et des seigles............	11.80	12
13 Vesces hérissée et à 4 graines.........	6.10	
14 Plantain lancéolé....................	6.60	
15 Autres mauvaises herbes..............	2.40	
16 Balles	8.50	
Total..............	100.00	
CE MÉLANGE CONTENAIT DONC :		
1 - 5 Bonnes graines	27.00	
6 - 9 Semences de moindre valeur..........	24.10	
10-15 *Mauvaises herbes*....................	**40.40**	
Balles	8.5	
	100 0/0	

semence achetée, car il peut arriver que la garantie soit d'un degré satisfaisant, et que la qualité de la marchandise n'y réponde en aucune façon. Les stations de contrôle sont établies afin d'épargner ces déceptions au cultivateur et c'est aussi le devoir des sociétés agricoles d'avoir recours à ce contrôle. Ordinairement cela n'entraîne que peu de frais, car les maisons qui sont liées par contrat à une station accordent à tout acheteur d'une certaine quantité de semence le droit de la faire contrôler *gratuitement* par cette station.

Quand un cultivateur n'a pas besoin d'une telle quantité d'une même semence, il peut s'entendre avec son voisin pour en faire l'achat en commun, et ils obtiendront ensemble le droit de faire faire la contre-épreuve. Mais il sera mieux encore que les cultivateurs de tout un village ou d'un même canton s'associent pour acheter en commun leurs graines ; de cette manière, non seulement la semence leur coûtera moins, mais ce qui est plus important, elle sera meilleure, et ils ne risqueront pas d'être exploités par le marchand, parce que le premier principe de ces associations c'est d'exiger la garantie de la semence et le droit de la faire contrôler par la station. De cette manière, il arrive que le cultivateur négligent, qui naguère achetait au hasard et n'avait lieu que trop souvent de s'en repentir amèrement, est à même de se convaincre de la haute utilité d'une bonne semence. C'est pourquoi l'économie politique attache une grande importance aux *syndicats agricoles*, qui méritent d'être fortement encouragés et soutenus par le gouvernement et les sociétés d'agriculture. La manière de procéder en cela est très simple. Quelque temps avant l'époque des semailles, le comité du syndicat distribue aux sociétaires des formulaires dans lesquels ils inscrivent la quantité désirée de chaque sorte de semence, et ce papier est envoyé à un membre du comité ou à un secrétaire spécial. On additionne alors les chiffres de toutes les commandes particulières, et sur cette base, une invitation est adressée à toutes les maisons en rapport avec la station de contrôle, à l'effet d'en recevoir, dans un certain délai, un prix-courant avec indication des garanties. Il est clair qu'il n'est tenu compte que des offres les plus avantageuses, et la plus avantageuse est celle où coûte le moins cher *le kilo de semence pure et capable de germer et non celui où le prix du kilo de graine brute est le moins cher*. Actuellement encore, cependant, la presque totalité des présidents ou secrétaires des syndicats ne comprennent pas que c'est le prix du kilo de semence utile qu'il faut juger et *que le prix du kilo de marchandise brute ne signifie rien*.

Souvent un calcul bien simple peut nous prouver d'une façon absolue que la marchandise à prix brut le plus bas est aussi celle qui, en réalité, a la moindre valeur.

L'exemple suivant, tiré de notre propre expérience, le démontre très bien :

Une maison de Glasgow, en Écosse, qui fait un grand commerce de graines, offrait à des prix différents quatre *diverses* qualités de ray-grass anglais. Des échantillons à examiner furent adressés à la station fédérale de contrôle des semences, et j'eus ainsi l'occasion d'en déterminer la valeur respective par des calculs exacts, qui sont consignés ici :

ESPÈCES DE GRAINES	1re QUALITÉ	2e QUALITÉ	3e QUALITÉ	4e QUALITÉ
Graines pures..............	96.9 0/0	91.1 0/0	82.6 0/0	32.5 0/0
Matières étrangères........	3.1 »	3.9 »	17.4 »	67.5 »
Des graines pures ont germé	73.0 »	53.0 »	34.0 »	10.0 »
Donc, un kilo de marchandise avait en graines pures et capables de germer....	70.7 »	48.3 »	28.1 »	3.3 »
Prix des 100 kilos..........	51f 80	47f 50	30f 60	18f 50
Un kilo de graines pures et capables de germer revient donc à..................	0.73	0.98	1.47	5.61

La première qualité possédant 96.9 0/0 de pureté et 73 0/0 de faculté germinative, contenait $\dfrac{96.9 \times 73}{100} = 70.7$ 0/0 de graines pures et capables de germer ; le reste consistait en graines incapables de germer et en matières étrangères. En d'autres termes, 100 kilos de cette marchandise contenaient 70,7 kil. de graines pures et capables de germer. Celles-ci coûtaient 51 fr. 80 ; donc le prix du kilo en était de 51 fr. 80 : 70, 7 = 73 centimes.

Pour la deuxième qualité ce prix était de. . .   0 fr. 98

«   « troisième . . . .   1 fr. 07

Et pour la quatrième. . . . .   5 fr. 61

Par conséquent, quoique la quatrième qualité fût d'un prix de près de trois fois moindre que la première qualité, elle était néanmoins, comparativement à celle-ci, huit fois trop chère.

Le cultivateur qui s'imagine faire une bonne affaire en achetant à bas prix se trompe considérablement. C'est par les petits marchands de village et les marchands grainiers qui ne veulent pas entendre parler de station de contrôle, que sont achetées habituellement ces marchandises bon marché, qui contiennent seulement 2 ou 3 au lieu de 90 0/0 de graines pures et capables de germer. Cela leur est bien indifférent : pour eux il ne s'agit que de gagner le plus possible. Mais au cultivateur, la chose ne doit pas être indifférente ; car, en fin de compte, c'est lui seul qui est dupé. — Il doit, pour toute semence qu'il achète, exiger la garantie qu'elle contient un certain tant pour cent de graines pures ou véritables, desquelles un certain tant pour cent est capable de germer. Aussitôt que la marchandise est arrivée, il faut en envoyer un échantillon à la station de contrôle.

On devrait encore davantage faciliter les choses aux cultivateurs, car la plupart ne s'entendent pas à composer des mélanges appropriés à leur but. Afin de les aider en cela, on devrait s'arranger pour que le petit cultivateur n'eût qu'à renseigner le comité du syndicat sur la surface de son champ, son sol, sa fertilité et le genre d'exploitation auquel il est destiné. Après quoi ce serait l'affaire de ce comité de fixer les espèces et les quantités de graines à employer.

CHAPITRE X

Récoltes précédentes. — Engrais et préparation du sol.

C'est une grande erreur de croire qu'un champ qui est fortement enherbé et parcouru de racines de chiendent se prête le mieux, dans cet état, à l'établissement d'une prairie, car c'est le contraire qui est vrai : *pour que le mélange puisse réussir il faut que la terre soit exempte de mauvaises herbes, bien travaillée et dans un bon état d'engrais*. La récolte précédente convenant le mieux est celle qui laisse le sol dans cet état, par exemple les *récoltes sarclées*, surtout les pommes de terre et les raves. Car pendant leur végétation, le sol est travaillé plusieurs fois, débarrassé des mauvaises herbes et bien fumé, celui des raves surtout. Il devient libre en automne, et, dans l'arrière-saison, pendant l'hiver ou au printemps, il peut être labouré et fumé, de sorte que la semence est reçue dans une terre meuble, nette et engraissée. Pour les mêmes raisons, le *tabac* et principalement le *maïs* constituent de très bonnes récoltes précédentes. Les *céréales* y sont moins propres, parce que, d'ordinaire, elles laissent le sol assez

ferme, infesté de mauvaises herbes et ne reçoivent généralement pas autant de fumier que les plantes précédentes ;
toutefois, comme elles quittent le sol encore plus vite que
les racines, on peut lui donner, après la moisson, diverses
façons en automne. Quand un semis de graminées doit, au
printemps suivant, succéder au blé, il est bon de rompre
le champ aussitôt après la moisson ; alors, dès que les
mauvaises herbes ont poussé leurs premières feuilles, on fait
passer la herse ; peu de temps après on fume copieusement
et ensuite on laboure. Si l'on veut faire trois labours en
automne, le fumier n'est en force qu'au troisième, et, en ce
cas, le deuxième se fait le plus profondément. On peut aussi
faire succéder un mélange de graines fourragères à une
culture de *graminées* pures ou de *trèfles et graminées,* sans
que les conditions de la réussite soient plus défavorables que
d'une autre manière. Ce procédé est tout indiqué là où le
champ ne se prête guère à une autre exploitation. Pour
cela, l'on peut retourner le gazon simplement à la charrue,
travailler un peu la couche végétale et y ressemer un
mélange quelques jours après. Il est avantageux de faire
ainsi, car en quatre semaines, on a un nouveau gazon et
l'ancien qui reste bien en dessous n'empêche pas les façons
ultérieures du sol. Cependant, pour ce dernier, il y a cet
inconvénient qu'il ne peut être ameubli et travaillé suffisamment ; et il est bon de faire intervenir une demi-jachère,
qui s'obtient très bien de la manière suivante : après la seconde coupe, le gazon est pelé, pour être, quelques jours
après, hersé, fumé et labouré ; dès que le sol a reverdi,
on lui donne un ou plusieurs hersages, suivant les besoins et, en automne, un second labour profond, pour
être laissé tel quel durant l'hiver. Au printemps, s'il le faut,
on laboure et l'on fume encore une fois, et enfin, en avril,

il se fait un nouveau semis. Il est moins laborieux de procéder ainsi : le sol est pelé déjà après la coupe du foin, bien fumé, labouré et ensemencé d'un fourrage vert, dont les meilleurs sont dans ce cas, le maïs ou des vesces ; si la semaille se fait à la fin de juin, on peut déjà couper six semaines plus tard. Pendant la végétation de la plante fourragère, le vieux gazon se décompose vite, et, en automne, le labourage du sol, qui est pareil à celui du mode précédent, se fait d'autant plus facilement. Le nouveau semis se fait de même en avril. Notons cependant qu'a la place d'un fourrage vert on pourrait aussi mettre des betteraves.

En ce qui concerne l'*engrais*, il faut observer que le sol, étant en prairie temporaire ou permanente, il peut se passer beaucoup d'années avant qu'on puisse en mettre de nouveau, car les éléments nutritifs des fumures en couverture qu'on lui applique de temps à autre, au lieu de pénétrer dans les parties plus profondes, sont absorbés par le dessus de la couche arable. C'est pourquoi il faut, avant la semaille, engraisser copieusement le sol avec du fumier de ferme.

Cependant il y a un moyen de fumer plus tard les couches profondes du sol, lequel consiste à lever de place en place des plaques de gazon avec la bêche, à remplir le trou en partie de fumier et à recouvrir avec la motte après avoir ôté en dessous une partie de la terre. Mais ce procédé exigeant beaucoup de travail, est très dispendieux ; en outre, le sol n'est pas également pénétré d'engrais parce que la matière fertilisante ne peut être enfouie qu'à des distances relativement grandes ; et quand même l'effet se produirait quelque peu à chacune de ces places, ce ne serait toujours qu'à une courte distance.

Pour un semis de printemps, le mieux est d'enterrer le

fumier en automne par un labour, parce que, comme il se décompose un peu pendant l'hiver, les jeunes plantes seront plus sûres de trouver de la nourriture déjà prête en quantité suffisante. Si l'on ne peut fumer en automne, il faudra le faire de bonne heure au printemps, afin qu'avant la semaille la terre puisse en profiter.

Dans les lieux où le sous-sol et la couche arable sont de même composition, une *culture profonde* peut aussi rendre d'excellents services pour les mélanges de plantes fourragères, celles-ci, étant alors à même de plonger plus bas avec leurs racines, rencontrent de nouveaux éléments nutritifs, qui ne leur étaient pas accessibles auparavant. De cette manière, elles ont aussi moins à souffrir de la sécheresse, ce qui est avantageux surtout aux graminées; de plus, l'excès d'humidité se répartissant aussi mieux dans une terre ameublie, les plantes y sont moins éprouvées dans les années très humides. Les agents atmosphériques, air, chaleur, eau, ont plus d'action sur une terre ainsi préparée et dissolvent des éléments minéraux restés insolubles jusqu'alors. C'est pourquoi le rapport des cultures fourragères est plus considérable avec un sous-sol ameubli. Un labour profond est plus avantageux à faire en automne, le sol profite des alternatives de gelées et de dégels pour se désagréger. Quand une partie trop forte d'un sous-sol non travaillé jusqu'alors est amenée tout d'un coup à la surface et mêlée à la couche végétale, la conséquence n'en peut être que nuisible. C'est pourquoi il ne faut procéder que peu à peu à l'approfondissement de cette couche. Pour commencer, il importe de se borner plutôt à ameublir le sous-sol, sans le porter à la surface, au moyen d'une charrue fouilleuse. On emploie ensuite la charrue ordinaire.

Les façons culturales, en vue d'un semis de printemps

doivent, autant que possible, se faire en automne : car après l'hiver, la terre est bien divisée et suffit d'y faire passer une houe à cheval ou une herse en fer pour qu'elle soit prête à la semaille. Si l'on ne peut procéder ainsi, il faut émietter le sol au moyen de la houe ou de la herse, car rien n'est plus nuisible à la semaille que de la faire dans un champ mal préparé et encombré de mottes plus ou moins grosses. Dans un tel terrain, les graines plus fines se trouvent jetées à une profondeur trop grande et s'y perdent inévitablement, pendant que celles qui restent sur les mottes ne lèvent qu'en partie et périssent plus tard (Voy. chap. VI n° 4).

Un semis de graines fourragères exige donc que le sol soit préparé presque aussi bien que la terre d'un jardin potager.

CHAPITRE XI

Récoltes protectrices.

Il est à recommander généralement de semer les mélanges
dans une *récolte protectrice* convenable, qui donne un abri
aux plantes fourragères et utilise le sol en attendant qu'elles
prennent leur développement. Il est vrai qu'on peut se dis-
penser de faire ainsi; mais alors il arrive souvent que,
pendant la première période de la végétation de ces plantes, les mauvaises herbes pullulent et leur sont très nuisibles. Il en résulte que fréquemment l'on est obligé de
sarcler le champ, ce qui entraîne des frais assez considérables. L'effet d'un sarclage peut aussi être obtenu en partie, en coupant à la faux les mauvaises herbes, quatre à six
semaines après la semaille; alors, celles qui se multiplient
par leurs graines sont réduites à peu de chose, et il ne
reste que celles qui, se propageant par leurs racines, ne peuvent être détruites que par le sarclage. Il vaut donc mieux
de semer dans une récolte qui ne laisse les mauvaises herbes
se développer que fort peu, et qui protège les plantes
fourragères au lieu de leur nuire.

Les espèces employées à cet effet sont les suivantes :

1. *L'avoine en vert* est bien la céréale protectrice la plus propre et la plus sûre, tant pour les graminées que pour les légumineuses ; elle donne un bon abri aux jeunes plantes fourragères, sans occuper la place longtemps, et fournit elle-même, à l'époque où celles-là ne sont pas encore développées, un bon rendement de fourrage. L'avoine se sème dans la proportion de quatre hectolitres, ou davantage, par hectare. Mise au printemps, elle acquiert, en quatre à six semaines, une hauteur de quinze centimètres, et doit alors, dans une journée chaude, être coupée un peu *haut*, afin que les plantules fourragères reçoivent de la lumière. Si on laisse l'avoine s'élever beaucoup plus, la réussite d'un semis si serré est compromise, tandis que, en coupant de bonne heure, non seulement toutes ces plantes prennent un meilleur aspect, mais le rapport en avoine verte vaut deux coupes. Après cela, l'avoine repousse dru et rend considérablement à la seconde coupe. On peut laisser cette dernière grandir davantage que la première, mais sans toutefois attendre trop longtemps, de crainte d'affaiblir les jeunes plantes fourragères. Comme première, la seconde coupe doit aussi être pratiquée haut, afin de favoriser le tallage des graminées. Après la seconde, l'avoine reste en arrière et les graminées et légumineuses dominent en fournissant d'ordinaire encore dans la même année une troisième coupe de fourrage. Si la première coupe se fait trop tard, ce n'est pas seulement le mélange qui en souffre, mais l'avoine devient trop maigre à la seconde coupe et rend moins que par le procédé que nous recommandons.

2. *L'épeautre*, de même que l'avoine, peut servir à la fois de récolte protectrice et de fourrage vert. Quand on la

sème au printemps, simultanément avec le mélange, elle
peut, comme l'avoine, être fauchée à plusieurs reprises et
repousser quatre ou cinq fois, en donnant chaque fois une
coupe abondante. J'estime que cette repousse continue est
nuisible au jeune semis de plantes fourragères, ce qui d'ailleurs a été constaté expérimentalement. Il n'est pas nécessaire de laisser l'épeautre repousser plus de deux fois,
parce que les plantes à protéger étant alors développées
suffisamment, elles ne pourraient que souffrir d'être tenues
à l'ombre plus longtemps. L'épeautre se sème comme
céréale protectrice à raison de huit hectolitres par hectare.

3. *Le seigle en vert* est bon pour protéger un semis
d'automne, parcequ'il passe mieux l'hiver que l'avoine, et
il suffit de prendre un peu moins de un hectolitre et demi
à l'hectare. Il y a des agriculteurs pratiques qui prétendent
avoir trouvé qu'il est mieux de ne *point* mettre un semis
d'automne dans une récolte protectrice.

4. *Le froment et l'épeautre d'hiver, pour grains,* sont
aussi employés souvent comme céréales protectrices, mais
sans grand succès dans beaucoup de cas, parce que, s'il
survient de la verse, le mélange en souffre fort. Ce sont les
légumineuses qui en éprouvent le plus de mal, les graminées sont moins sensibles. — Le *seigle* présente les mêmes
inconvénients. *En employant comme plante protectrice
une céréale d'hiver, dans laquelle le mélange se sème au
printemps, il faut qu'elle ne soit pas trop drue : dans
ce cas, il vaut mieux n'y rien semer.*

5. *Des céréales d'été,* ce sont le froment et l'épeautre
qui se prêtent le mieux à l'usage en question. Ils ne tallent

pas aussi fort, versent moins facilement et mûrissent plus
vite que l'avoine. Quand donc, soit pour la paille, soit pour
une autre raison, il faut prendre une céréale comme récolte
protectrice, autant que possible il est préférable de semer
ces dernières.

6. *L'orge d'été* est beaucoup plus exigeante et n'est
d'un rapport assuré que sur les bonnes terres, mais là elle
est excellente comme récolte protectrice. Il est vrai qu'elle
donne peu de paille et que, dans les années favorables,
le tallage en est très fort, de sorte qu'en la semant, on est
moins sûr, qu'avec le froment d'été, de l'épaisseur qu'elle
prendra. Aux points qui ont été occupés par les pieds de
l'orge, il se produit souvent plus tard des lacunes, par suite
du tallage touffu et de l'ample végétation de cette céréale.
Pour la semaille, on ne doit prendre que la moitié de la
quantité employée ordinairement.

7. *L'avoine pour grains* n'est pas à recommander
comme récolte protectrice, parce qu'elle occupe le champ
trop longtemps et verse facilement. — Il arrive aussi que,
ayant été semée à cet usage et comme fourrage vert, on en
fait, il est vrai, une première coupe conforme à cette des-
tination, et qu'après cela on la laisse mûrir pour la seconde coupe, soit qu'on n'ait ni besoin, ni emploi d'un
tel fourrage, soit que la saison ait été défavorable, soit
enfin qu'on espère plus de profit à laisser l'avoine mûrir. Quoique, dans les années sèches, il y ait souvent avantage à procéder ainsi, ce n'est généralement pas aussi
bon. L'avoine ne mûrit que tard ou pas du tout, de sorte
qu'à l'automne, elle se trouve n'avoir qu'une valeur
médiocre, beaucoup moindre assurément que si on l'avait

coupée verte en temps opportun. En outre, dans l'avoine, la jeune prairie est souvent sujette à souffrir beaucoup.

8. Le *lin* et le *colza* ont également été employés avec succès comme récoltes protectrices.

9. Il a été recommandé aussi d'user, dans ce but, du *ray-grass d'Italie*, en prenant pour cela cette graminée dans le mélange dans une proportion de cinq à sept fois plus forte que d'ordinaire. Mais on ne saurait assez déconseiller de faire ainsi, car le ray-grass, étant en si grande quantité dans un mélange, étouffe les espèces auxquelles il est associé, et il en résulte que lorsque lui-même a disparu, au bout d'un ou deux ans, les autres graminées, dont la durée eût été plus longue, manquent également, de sorte que le pré n'est plus bon qu'à être rompu. Par la même raison, il ne faut prendre au plus que 5 0/0 de ray-grass d'Italie dans un mélange pour prairie temporaire, et encore moins pour une prairie permanente.

CHAPITRE XII

Époque de la semaille.

Le temps le plus favorable pour les semailles de mélanges est le printemps; mais, si la saison n'est pas trop sèche, elles peuvent se faire toute l'année, de mars en septembre. Toutefois l'époque la plus sûre est du commencement d'avril jusqu'à la fin de mai. Çà et là on sème déjà en mars, mais non sans courir certains risques. Survient-il des gelées tardives, le semis est exposé à de grands dommages. Il souffre moins quand il est protégé par une céréale d'hiver, où les plantules fourragères trouvent un bon abri : c'est pourquoi on peut semer un peu plus tôt dans une telle céréale que dans une autre ne datant que du printemps.

Dans le même but, une céréale d'été protectrice se sème quelque temps avant le mélange, mais alors il est beaucoup plus difficile d'y introduire ce dernier, et, c'est pourquoi la récolte protectrice est d'ordinaire semée au printemps, simultanément avec le mélange. Dans ce cas, il est bon de ne semer qu'au commencement ou au milieu d'avril, car les semailles de mars seraient risquées, et d'ailleurs elles sont

généralement moins productives que celles de mai, quoique
ayant été mises en terre près de deux mois plus tôt. — En
juin également, on peut faire avec succès des semis de
mélanges, par exemple, après un seigle en vert, les vesces, le
trèfle incarnat, la première coupe de foin, etc. Dans les années
humides, on les fait après la récolte des pommes de terre,
du colza, du maïs en vert, etc. ; en août et septembre, après
la moisson des céréales ; cependant, ces derniers semis sont
un peu risqués, d'un côté, parce que l'hiver arrivant sur les
plantes encore jeunes, elles souffrent souvent beaucoup ;
d'un autre côté, parce que s'il survient un temps sec, la
levée se fait incomplètement et il peut encore survenir d'autres contre-temps.

Au printemps, le semis souffre moins de la sécheresse
qu'en automne, parce qu'il profite du restant de l'humidité
de l'hiver. C'est pourquoi, lorsque les circonstances le
permettent, il importe de semer les mélanges au printemps,
et ce n'est que par exception, dans les années humides,
qu'on doit les remettre au mois d'août ou au commencement de septembre.

CHAPITRE XIII

Semaille et enterrement de la semence.

Quand on fait simultanément la semaille du mélange et de la récolte protectrice, il faut commencer par mettre et enterrer la semence de celle-ci, parce que toutes les graines ne veulent pas être enfouies à une égale profondeur. Une graine minuscule, qui est de cent à deux cents fois plus menue qu'un grain d'avoine ne doit pas être enterrée aussi profondément que celui-ci.

Si la récolte protectrice consiste en une céréale pour grains, il est à recommander de semer en lignes, parce qu'alors les plantes fourragères auront moins à souffrir de l'ombrage. Si l'on sème à la volée, la récolte protectrice doit être hersée d'abord. Si on met du sainfoin (esparcette) dans le mélange, on peut le semer et le herseravec la récolte protectrice, parce qu'il exige d'être couvert autant que la céréale. Ce n'est qu'après l'enterrement de ces deux semences qu'on peut semer les trèfles et les graminées, car leurs graines périraient pour la plupart si elles étaient enfouies aussi profondément que la céréale : il n'y a que les graminées à grosses graines, comme le fromental et les deux ray-grass, qui germeraient en partie. Sur les terres fortes le semis des trèfles et des graminées ne reçoit qu'un roulage ; mais sur une terre légère tous les semis doivent être hersés, sauf ceux du pâturin des prés, du fiorin et peut-être de la crételle, qu'il faut toujours se borner à rouler. Notons, en passant, que le fiorin ne s'emploi guère pour ces terres-là et ne convient qu'à un sol compact et très humide.

De ce qui précède, il ressort déjà que les diverses espèces d'un mélange ne doivent pas être semées ensemble, et cela non seulement à cause de l'enterrement des semences mais aussi par suite de la différence des natures de sols, Les graines lourdes, comme celle des trèfles et du timothy, ne se laissent pas bien mêler avec les légères, déscendent au fond du mélange et, semées à la volée, sont lancées bien plus loin que le fromental ou les autres graines, légères garnies de glumelles et de poils. C'est pourquoi les graines lourdes et les légères ne doivent pas être semées réunies, même quand il les faut enterrer à la même profondeur : la semaille de l'une et de l'autre sorte doit se faire séparément.

Voici maintenant un aperçu de la manière de procéder :

A. — EN TERRE FORTE

1. D'abord, semaille et hersage de la récolte protectrice (avoine, etc.) et de l'esparcette (sainfoin).

2. Ensuite mélange et semaille des graines lourdes. PORTION I.

a). Toutes les espèces de trèfles ou d'autres légumineuses,
b). Le timothy, (fléole des prés).
c). Le dactyle, en graines *sans glumelles*, |
d). La houque, — *sans glumes,*

e). La flouve, en graines *sans glumelles*,

f). La crételle, si la graine est lourde,

g). Le pâturin des prés, si la graine a été battue, nettoyée et possède au moins 90 0/0 de pureté.

h). Le fiorin, à plus de 85 0/0 de pureté.

3. Toutes ces graines étant semées, on passe immédiatement au mélange et à la semaille de la *Portion II* qui consiste en :

a). Le fromental,

b). Le ray-grass anglais,

c). Le ray-grass d'Italie,

d). La fétuque des près,

e). Le dactyle, en graines à glumelles,

f). Le vulpin des près,

g). La houque,

h). La flouve,

i.) Les fétuques fines,

k). L'avoine jaunâtre,

l). La crételle, à graine légère,

m). Le pâturin,   —

n), Le fiorin.

Après quoi, les deux portions (I et II) subissent un roulage commun.

B. — SUR TERRE LÉGÈRE

1. Comme ci-dessus, d'abord semaille de la récolte protectrice ; et si l'esparcette doit entrer dans le mélange elle peut être semée et hersée avec elle.

2. Ensuite, semaille de toutes les espèces de légumineuses et de graminées, sauf le pâturin, le fiorin et la crételle — bien entendu en mettant séparément la semence lourde (portion I) et la légère (portion II) — avec hersage extrêmement léger.

3. Enfin, semaille des trois graminées réservées (portion III), et roulage du champ. — Il est clair que l'ensemble de ces opérations n'a lieu que lorsque le mélange comprend toutes les graines en question.

Afin que la semence soit répartie également, il importe de faire de chaque portion un ensencement *croisé* qui consiste à en répandre une moitié dans le sens de la longueur du champ et l'autre moitié dans le sens de la largeur ou en travers, car rien n'est plus ennuyeux que de voir plus tard des lacunes apparaître dans le champ : mais ce qui est surtout très fâcheux c'est que par là le rapport est diminué et que ces lacunes sont difficiles et coûteuses à combler. C'est pourquoi il ne faut pas craindre le surcroît de travail exigé par l'ensemencement croisé, car on le regagne largement dans une exploitation qui dure plusieurs années.

Il y a un excellent instrument, le *semoir à trèfle*, qui ne devrait manquer sur aucun grand domaine et dont l'acquisition est à recommander aux sociétés agricoles.

Avec son aide, un homme peut ensemencer dans un jour six hectares, et la semence étant ainsi répandue plus également que par la main semant à la volée, il résulte non seulement une économie de graine, mais encore un gazonnement plus uniforme et un rendement plus considérable. Le semoir à bras ne peut naturellement être employé que pour les petites surfaces ; pour les grandes exploitations on se sert de semoirs à cheval.

Bien que ces instruments soient construits spécialement pour la semaille des trèfles, ils peuvent aussi, sans rien y changer, servir pour les graines de graminées, à l'unique exception de celles du fromental. Mais il faut avoir soin d'ouvrir entièrement les orifices. Il est bon de semer séparément les graminées et les trèfles, auxquels on peut joindre

le timothy; toutefois ce n'est pas absolument nécessaire,
surtout si la caisse ne se remplit pas complètement de
semence et qu'on ne fait qu'en ajouter aux deux bouts du
champ. — Il existe un semoir à trèfles à orifices ovales
et plus grands, avec lequel on peut semer toutes les graminées y compris le fromental.

CHAPITRE XIV

Soins d'entretien des prairies.

Si l'on veut qu'une prairie présente un beau gazon bien fourni et qu'elle rapporte le plus possible, il faut qu'après la semaille elle soit l'objet de soins convenables, et nous allons maintenant donner là-dessus quelques conseils.

Pendant la première année, la prairie ne devrait pas être arrosée de purin, à moins que cet engrais liquide ne soit bien fermenté et fort étendu d'eau, sans quoi il serait préjudiciable aux jeunes plantes, notamment aux graminées fines. Au lieu de cela, il vaut mieux couvrir le champ de fumier pailleux, par lequel, non seulement il sera fertilisé, mais aura l'avantage d'être protégé pendant l'hiver. Il ne convient pas non plus d'y amener du compost la première année, si ce n'est quand il y a des lacunes auxquelles on veuille remédier le printemps suivant par de petits semis supplémentaires.

Il importe de soumettre le sol à un roulage avec un instrument des plus pesants, non seulement après la semaille mais encore après la première coupe et en automne; mais cela est surtout très utile au printemps suivant, quand la terre est devenue sèche, car alors il se trouve souvent que les plantes ont été en grande partie déchaussées pendant l'hiver et montrent leurs racines dénudées à moitié ou entièrement ; or celles-ci doivent être enterrées de nouveau, sous peine d'être exposées à faire périr ou rabougrir une partie des plantes qu'elles sont chargées de nourrir. Beaucoup de graminées, comme le ray-grass d'Italie, la fétuque durette, la houlque, etc., ont la propriété de se former un pied en touffe épaisse et d'une certaine hauteur et de produire par là des inégalités dans la surface enherbée. Au moyen du rouleau, ces saillies sont aplanies au niveau du reste, et le gazon de la prairie redevient uniforme et plus commode à faucher. *Ce roulage devrait être répété pendant les premières années, et même, il est avantageux de le faire chaque printemps deux ou trois fois.*

Pour les prairies permanentes, notamment celles qui sont de vieilles prairies naturelles, il est souvent très avantageux de donner un hersage superficiel avec la herse à pré. Quand le sol est recouvert d'un feutrage formé par les tiges radicantes soit du pâturin commun, soit de l'agrostide commune ou traînasse, les graminées autres et plus productives en souffrent considérablement. Elles finissent par être étouffées dans les mailles de ce tissu serré, qui ne laisse qu'un accès insuffisant à l'air et à la chaleur. A cet inconvénient se joint souvent celui d'un développement de mousse des acides végétaux nuisibles, qui, à leur tour, favorisent la pousse de mauvaises herbes acides. C'est ainsi que nous voyons souvent les meilleurs terrains punir la négligence du cultivateur en se recouvrant de mousses et de laîches, devant lesquelles les bonnes graminées ont disparu peu à peu. Le produit, comme quantité et comme qualité, n'est plus que très médiocre. C'est alors qu'il s'agit d'avoir recours aux bons

offices de la herse à pré. Après qu'elle a déchiré la couche
de la mousse et des herbes feutrées, la terre est ouverte de
nouveau à l'influence de l'air et de la chaleur et en peu de
temps il apparaît une toute autre végétation : les graminées
et les légumineuses reviennent en bonnes et productives
espèces, et le rendement de fourrage va s'accroissant de plus
en plus. *F. Andcregy* a fait les expériences suivantes qui
attestent de la manière la plus frappante la grande utilité du
hersage.

1re parcelle :	ni hersée ni fumée,	rapport :	377 kil. de foin.
2e	fumée et non hersée,		833
3e	non fumée, mais hersée.		770
4e	hersée et fumée,		1.563

C'est surtout dans les prairies vieilles et infestées de
mousse et d'herbes feutrées que le produit peut être relevé
considérablement par le moyen du hersage. L'acquisition
d'une herse à pré est donc fort à recommander aux cultivateurs. Il serait bon surtout de la part de petites sociétés
locales de s'en procurer une, pour mettre à la disposition
de leurs membres ; ou bien plusieurs cultivateurs pourraient
s'associer pour l'acheter et l'employer tour à tour, l'un d'eux
étant chargé de la garde de l'instrument. — Jusqu'ici
l'on a fait usage principalement de deux sortes de herses à
pré : l'une à dents en fonte, faisant corps avec les membres,
et l'autre à dents en acier vissées dans les membres et pouvant se remplacer quand elles sont usées. Cette dernière
est préférable.

Un instrument très recommandable et bien plus avantageux que le précédent est la *herse élastique et en fer forgé*.
Les membres ne sont pas sujets à casser et les dents
sont par paires ; celles que le travail a émoussées, peuvent
être changées facilement par tout ouvrier.

Le hersage a pour but encore l'extirpation d'autres mauvaises herbes, notamment de celles qui s'étendent en rampant sur le sol, telles que la renoncule rampante, les véroniques printanières et à feuilles de lierre, la bugle rampante, le lierre terrestre, etc. Elles servent aussi à niveler les déjections des vers de terre, les taupinières et les fourmilières, ainsi qu'à diviser le compost ou le fumier apportés sur le champ, et ce sont des instruments très propres à cet usage. Le hersage se fait au printemps, à la fin de mars ou au commencement d'avril. Les parcelles de mousse arrachée et les mauvaises herbes sont ramassées pour la fosse à compost. Après que la prairie a été hersée, on peut encore y semer un mélange de graines convenables, d'environ 1/3 à 1/5 de la quantité ordinaire, suivant que le gazon est déjà plus ou moins dru ; cependant il ne faudrait pas trop espérer de ces semis supplémentaires, quoique dans certaines circonstances favorables, on les ait vus souvent donner de très bons résultats. En tout cas, il faut faire suivre le hersage d'un énergique roulage, même quand on ne donne point un semis supplémentaire, parce que les bonnes plantes qui ont été mises à découvert par la herse doivent de nouveau être pressées dans le sol.

Quant aux mauvaises herbes, dont la souche ou les bulbes sont à une assez grande profondeur dans la terre, elles ne se laissent, il est vrai, pas extirper par la herse à pré, et il faut pour cela recourir à d'autres procédés.

Pour la destruction du COLCHIQUE D'AUTOMNE (*Celchicum autumnale*, L.), l'on nous a déjà recommandé une multitude de moyens, mais je n'en connais aucun avec lequel on puisse, sans trop de peine, se rendre maître de cette plante si détestée des cultivateurs. Le plus sûr encore c'est d'améliorer l'état physique du sol par le drainage et, si possible, par un

labour suivi d'un nouveau semis. Il en est de même de la
RENONCULE ACRE (*Ranunculus acris*, L.).

Les grandes espèces de PATIENCE (*Rumea obtusifolius*,
L. et *R. Pratensis*, Mert et Koch) s'extirpent le mieux avec
le levier à deux dents.

Le PERSIL D'ANE (*Anthriscus sylvestris*, Hoffm.) et la
Berce branc-ursine (*Heracleum Sphondylium*, L.) abon-
dent au voisinage des fermes et dans les vergers, et cela
vient principalement d'un usage exclusif de purin comme
engrais ou de l'emploi de ce liquide à l'état non fermenté
ou par trop concentré. Si en place de purin l'on se sert pendant quelques années de poudre d'os sulfatée (superphos-
phate de chaux) ces mauvaises herbes disparaissent peu à
peu. Mais le procédé d'extirpation le plus simple serait de
labourer le sol, d'enlever soigneusement les fragments de
racines et de semer à nouveau.

Des prairies irriguables nouvellement ensemencées ne
doivent être arrosées que très peu pendant les deux premières années.

CHAPITRE VII

CHAPITRE VIII

CHAPITRE IX

CHAPITRE X

CHAPITRE XI

CHAPITRE XII

CHAPITRE XIII

CHAPITRE XIV

PARIS. — SOC. ANON. DE PUB. PÉRIOD. — P. MOUILLOT. — 81.600

PARIS. — IMP. P. MOUILLOT 13, QUAI VOLTAIRE. — 81600.